现代养猪前沿科技与实践应用丛书

种猪生产
大数据分析

彭　健　王　超　周远飞 ◎主编

U0395025

中国农业出版社
北京

现代养猪业的特征是工厂化、规模化和集约化。随着现代信息技术的发展，养猪生产正在迅速向自动化和智能化方向迈进。因此，在养猪业发展的同时，也产生了大量的生产数据。如何利用这些数据来提高养猪场的生产效率和经济效益，是值得每个养猪生产经营者密切关注的问题。而高效的数据分析对于推动数据驱动的决策形成，有效提升效能和控制成本，实现更多利润和提升规模化养猪企业的管理体系，都具有重要的意义。

当前国内外还没有专门针对种猪生产大数据分析与应用的著作出版。本书基于作者从事种猪生产大数据分析的研究成果和经验，同时结合国内外最新的研究进展，从种猪生产的关键性能指标、种猪生产大数据的获取、种猪生产大数据的预处理、种猪生产大数据的分析与建模、大数据分析在母猪生产中的应用、大数据分析在公猪生产中的应用方面，系统地介绍了种猪生产大数据分析和应用的方法。希望本书能给广大从事养猪生产的管理人员、技术人员以及相关研究人员提供参考。

本书由华中农业大学彭健教授组织王超、周远飞、彭学武、魏宏逵和谭家健共同完成。本书的出版得到国家生猪产业技术体系的支持，中国农业出版社王森鹤、弓建芳、周晓艳等为本书的出版付出了辛勤的劳动，在此一并表示衷心的感谢！

由于作者的水平有限，且时间仓促，加上本领域的发展迅速等原因，书中内容难免有纰漏和不足之处，敬请广大读者批评指正。

编　者

2021 年 8 月

C O N T E N T S　　　目 录

Chapter

第一章

种猪生产大数据分析概述

　　种猪在繁殖过程中会产生大量的数据，而如何利用这些数据以及如何通过数据分析挖掘数据价值，是养猪生产管理者和决策者必须关注的问题。

第一节　种猪生产大数据分析简介

一、大数据的相关定义

　　大数据是一个抽象且较为宽泛的概念，是新兴发展的一门科学。不同组织机构、领域对大数据的定义不同。例如，大数据研究机构 Gartner 认为，"大数据是需要新处理模式才能具有更强的决策力、洞察力和流程优化能力的海量、高增长率和多样化的信息资产"。这是对大数据从属性角度的定义，但对其本质的描述还不够清晰。而全球知名咨询公司 McKinsey 对大数据的定义是："一种规模大到在获取、存储、管理、分析方面远超传统数据库软件处理能力的数据集合。"这个定义强调了大数据数据量"大"的特点，但并未提及如何解决"大"的问题。

　　英国人 Viktor Mayer-Schönberger 被誉为"大数据商业应用第一人"。在他所著的《大数据时代》一书中，"大数据指不用随机分析法（抽样调查）这种捷径，而采用所有数据进行分析处理"。这个定义强调大数据分析既不用考虑数据的分布状态（而抽样数据是需要考虑样本分布是否有偏，是否与总体一致），也不用考虑假设检验。这是大数据分析与一般数据分析的一个重要区别。

　　中国行业大数据应用专家彭作文结合自己多年的大数据从业经验以及对大数据的独到见解，从大数据的实际价值出发，重新定义了大数据。他认为，"大数据是以海量多维数据为资产，价值挖掘为导向，集合信息技术、数据科学、数据思维、数据能力、数据应用的数据工程体系"。这个定义体现了大数据的价值不在于数据本身，而在于大数据集合了数据思维、数据能力以及数据应用后所释放的价值。

　　农业大数据是融合了农业地域性、季节性、多样性、周期性等自身特征后，产生的来源广泛、类型多样、结构复杂、具有潜在价值，但难以用常规方法处理和分析的数据集合。2016 年，农业部印发的《农业农村大数据试点方案》中定义了"生猪大数据"，是指利用大数据技术构建生猪价格发现机制，汇聚生猪全产业链数据，通过分析模型和关联分析技术，加强生猪价格周期波动规律研究。而本书所讨论的"种猪生产大数据"，是针对规模化养猪生产中所产生的性能相关数据，用大数据收集、预处理的基本原则，建立数据分析的模型，挖掘种猪生产数据的价值，为养猪生产者提供决策指导，最终实现养猪生产效率和经济效益的提升。

二、大数据的特点

尽管不同组织机构或相关领域对大数据的定义不同，但普遍认为大数据具备 5 个方面的特征，即 5 "V" 特征。

(一) Volume (数据量大)

数据量大是指数据的采集、存储和计算的量都非常大。以 5 万头母猪生产群为例，1 年生产记录数据有 12 万条，数据有 150 万个，数据大小就有 50MB。

(二) Variety (数据类别丰富)

大数据包括结构化、半结构化和非结构化数据，具体表现为网络日志、音频、视频、图片、地理位置信息等，多类型的数据对数据的处理能力提出了更高的要求。种猪生产中的数据类别包括数字，如记录产仔数量；也包括视频，如记录母猪采食、空口咀嚼行为等。

(三) Value (数据价值高)

数据价值密度相对较低，但是包含很多深度的价值，通过大数据分析挖掘和利用后，带来的商业价值巨大。以 5 万头母猪规模的养殖企业为例，就生产数据一项，一年就有 12 万条的数据记录，包含很高的价值，通过分析这些数据产生的主要影响因素，就可以指导生产，明确企业发展方向等。

(四) Velocity (数据增长速度快)

数据产生速度快，要求输入、输出的速度快。只要种猪在开展生产，各环节都会产生数据，包括配种记录、分娩记录、断奶记录、淘汰记录、饲料记录、采购和销售记录等，这就要求对产生的生产数据及时记录和处理。

（五）Veracity（数据真实）

大数据中的内容是与真实世界中发生的事件息息相关，要保证数据的准确性和可信度。种猪生产中的数据都是在生产过程中产生的，反映了猪群真实的生产情况，通过分析才能准确地解释和预测种猪生产事件的过程。

三、大数据的价值

大数据的核心价值是"资源优化配置"。要实现大数据的核心价值，需要在获取大量数据信息的基础上，通过大数据分析的技术途径进行"全量数据挖掘"，最后利用分析结果进行资源优化配置。

（一）获取大量数据信息

根据大数据的特征，需要获取和存储的技术，意味着可以获得以往无法获得的数据信息。这表明获得潜在信息的可能性增加，但同时也意味着获取数据的方法、存储和分析技术会面临更加复杂的问题。特别是种猪生产大数据分析发展相对滞后，可能无法用传统的统计方法获取有价值的信息。这就需要建立适合种猪数据特征的分析模型，开发相关软件，甚至提升与之匹配的硬件功能。

（二）提高决策能力

在养猪生产中，大多数企业的发展主要依靠管理层的经验或资本的运作。虽然企业发展会受到过去经验的影响，但是跨越式的质变很难预知，导致对企业发展的判断可能会存在误区。利用大数据分析，能够总结经验、发现规律、预测趋势，可以帮助养猪管理者和生产者全面地了解行业现状、企业存在的问题，进而对企业发展做出科学的预测和规划。

（三）优化资源配置

随着信息化和大数据分析技术的发展，人们掌握的数据信息越多，做出的决策就越科学、精确、合理。虽然种猪生产数据本身并不具备价值，但通过建立数据分析模型，挖掘数据产生的原因和意义，则能帮助养猪企业更好地了解市场和发现自身存在的问题。通过资源优化整合，精细化分工，提高运营效率，进而打造独有的、支撑企业可持续竞争的能力，实现利益最大化。

第二节　种猪生产大数据分析的意义

养猪产业正逐渐向规模化、标准化、机械化、自动化发展，甚至出现了一些新的养猪模式如楼房养猪；另外，我国非洲猪瘟持续存在，猪肉价格时有波动，这些现象使得养猪业在长足发展的同时，也面临着巨大的挑战。当然，在养猪业发展的同时，也会产生大量的数据，而如何利用好这些数据，为生产决策和效益提升提供支持，是养猪企业迫切需要解决的问题。

一、我国养猪产业重要数据变化

（一）能繁母猪数量变化

据农业农村部数据，近 10 年来，2013 年母猪存栏量最大，达到了 5 132.27万头（图 1-1）。2018 年后，受非洲猪瘟的影响，能繁母猪数在 2019 年降到最低时的3 080万头。2020 年后，全国能繁母猪存栏量恢复增长，截止到 2021 年上半年，全国能繁母猪存栏量达到了 4 564 万头，比 2017 年多 8.00%。这表明，我国能繁母猪的存栏量恢复到了常年水平。

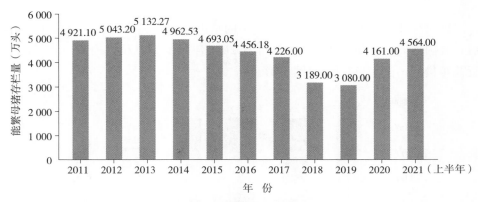

图 1-1　我国能繁母猪存栏量变化
（资料来源：农业农村部，国家统计局）

（二）生猪出栏量和存栏量变化

国家统计局数据显示，我国的生猪出栏量在 2015 年达到了72 416万头，受非洲猪瘟的影响，2019 年为 54 419万头，2020 年为52 704万头，比 2019 年减少 1 715 万头，下降了 3.2%（图 1-2）。在生猪存栏量方面，2015 年最高为

45 803万头，2019年最低为31 041万头，而2020年恢复到了40 650万头，比2019年最低时增加了9 609万头，同比增长31.0%，恢复到2017年年末的92.1%。

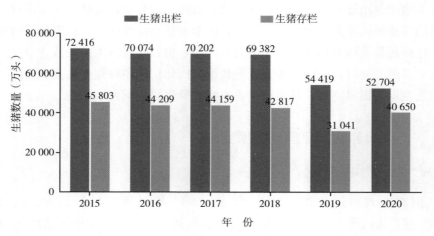

图1-2　2015—2020年中国生猪出栏量和存栏量变化情况
（资料来源：国家统计局）

（三）猪肉产量变化

国家统计局数据显示，2015年我国的猪肉产量最高为5 645万 t，2019年后，我国猪肉产量开始降低，2020年比2019年减少142万 t，下降3.3%，为近几年最低，仅4 113万 t（图1-3）。

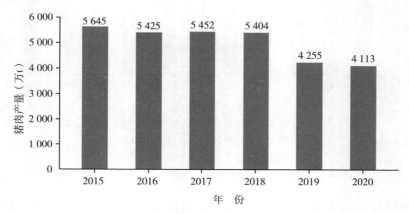

图1-3　2015—2020年中国猪肉产量变化情况
（资料来源：国家统计局）

（四）生猪价格变化

根据农业农村部对全国 500 个县集贸市场和采集点的定点监测数据，2020 年活猪价格为 33.91 元/kg，同比增长 56.92%（图 1-4）；猪肉价格为 52.38 元/kg，同比增长 55.29%；仔猪价格为 93.38 元/kg，同比增长 101.40%。

图 1-4　2017—2020 年中国活猪、猪肉、仔猪产品价格对比情况

（资料来源：农业农村部）

二、种猪生产大数据分析对行业的影响

实现生猪产业高质量发展，是保障食物安全的重要基础，是保障重要农产品供给的有力支撑。习近平总书记在 2017 年中央农村工作会议上强调，"现在讲粮食安全，实际上是食物安全。老百姓的食物需求更加多样化了，这就要求我们转变观念，树立大农业观、大食物观，向耕地草原森林海洋、向动物植物微生物要热量、要蛋白，全方位多途径开发食物资源"。全面构建大食物安全的国家战略，将解决大食物领域短板和"卡脖子"问题，以确保中国人的饭碗牢牢端在中国人手里。

因此，适应养猪产业和行业发展需求，要善于利用大数据技术为行业提供最新的、最全面的信息。这样不仅可以了解行业的变化，为政府决策提供重要的参考依据，还可为政府部门确定坚持市场主导、坚持政策引导、坚持防疫优先、坚持科技兴牧、坚持绿色发展阶段的目标提供指向。

三、种猪生产大数据分析对企业的影响

各企业公开数据显示，2020 年度 13 家上市猪企生猪销售累计 5 747.86 万

头，同比增长 21.41%，占 2020 年全国生猪出栏量（52 704 万头）的 10.91%。其中牧原食品股份有限公司（简称牧原股份）生猪销量最高，为 1 811.5 万头，同比增长 76.67%（图 1-5）。由此可见，规模化发展趋势迅猛，是我国未来养猪企业的主导方向。

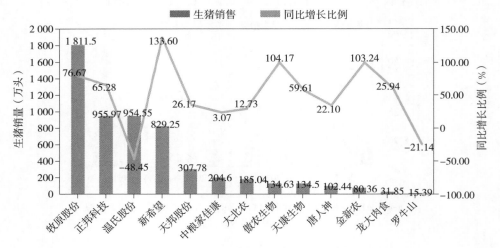

图 1-5   2020 年 13 家上市猪企生猪销量情况
（资料来源：上市猪企公开财务报告）

对企业而言，通过种猪数据分析，可以掌握种猪生产水平、性能水平，并出具财务报表和进行绩效考评等，有利于生产管理；此外，通过种猪数据分析，可以明确养猪生产中的问题，以及对未来生产水平和经济效益做出预判，以便管理者制定解决方案，做出决策。总之，种猪生产数据分析，是提高现代化养猪企业生产成绩、管理水平和经济效益的重要工具，而且势在必行。

第三节   种猪生产大数据分析的特征

规模化猪场种猪生产大数据分析，是按照准确性、及时性和全面性三个原则，对生产数据进行预处理；然后根据数据分布特征建立统计模型，并运用适宜的统计工具分析，以便提取有价值的信息形成结论，帮助人们采取适当的决策和行动。

种猪生产大数据分析有其自身的特征，与传统的数据分析不同，种猪生产大数据分析是通过对所收集的数据进行整理、分析后，做出准确的预判。与其他行业相比，在数据来源、分析对象和分析思路等方面也存在不同。

一、数据来源的变化

传统的数据分析在进行数据收集时，只有可能被使用的数据信息才会被收集，主要是通过人工记录并完成的。其他行业的数据，主要来源于数据库平台、网络社交数据、媒体数据等。而现在种猪生产数据的来源渠道也更为广泛。

(一) 官方渠道

官方渠道获得的数据是由政府统计部门或职能部门发布的，一般具有权威性，公信度高，体现了统计信息、咨询、监督三大作用。例如，国家统计局每年都会发布《中国统计年鉴》，记录了全国、各省的肉猪出栏量、存栏量和猪肉产量等数据。

另外，农业农村部也会不定期地发布种猪生产相关性能、价格变化等数据，并出台相关的政策和法规等，指导和规范生猪生产行为和制度，以及对未来生产提供指导和目标。

(二) 行业协会

通过生猪生产相关的行业协会组织，也能获得生猪产业行情变化的相关数据。例如，中国畜牧兽医协会网发布的生猪产品行情变化、饲料生产情况和种猪遗传评估数据等相关信息，以及由中国畜牧业协会猪业分会主办的中国猪业网发布的国内各地区生猪和饲料价格行情的数据。

(三) 主流媒体

随着互联网的发展，诸多媒体也是种猪生产数据来源的重要渠道，如《科技日报》《中国种猪信息网》《猪业科学》《种猪网》《中国畜牧杂志》《查猪价》《中国饲料杂志》《中国畜牧业》等诸多行业内相关主流媒体。

(四) 企业数据管理系统

随着集约化和规模化的进展，大型养殖企业为了方便生产管理、制订育种计划、进行财务管理等，会应用相关软件系统记录生产环节中产生的数据。目前，常用的软件系统包括美国的 Pigchamp、Herdsman，国内的 KFNets、猪场管家、365 猪场卫士等。

二、分析数据量和分析工具的变化

对于种猪生产数据分析，以往分析对象多为"小数据"，分析的指标简单，以计算为主；而现在分析对象为"大数据"，更多因素被考虑到。但主要的变化体现在数据的体量和分析工具应用方面。

（一）数据量大

随着数据记录系统、数据存储系统以及"云存储"等的发展。对种猪生产来说，大量数据被记录和储存起来。种猪生产中会围绕繁殖周期的不同阶段记录种猪档案信息、配种信息、分娩信息、断奶信息和淘汰信息。

（二）分析工具多样

随着数据分析在各行各业中的应用，分析工具也越来越多样。特别是一些生产软件系统会自带一些数据计算和简单的分析功能，如 Pigchamp 猪场管理软件可以分析计算出猪场群体性状指标如分娩率、仔猪断奶前死亡率、母猪死亡率、母猪淘汰率和 PSY 等，并且可以对不同月份或年份的数据进行比较等。

此外，传统的数据统计是通过人工计算，统计效率低、周期长、不够直观清晰，而数据统计分析软件可帮助数据分析师在短时间内完成复杂的数据分析计算过程，输出准确的数据分析结果，提高工作效率。通过后台导出的数据，借助 SAS、SPSS、R 语言和 Python 语言（使用率相对较低）对种猪生产的相关指标进行分析。尽管不同统计分析软件各具特点，但是核心的统计分析过程以及包含的算法都是类似的，均可以完成对母猪生产指标的统计分析任务。

三、分析思路的变化

传统的数据分析中，多采用的分析思路是"假设—验证—决策"。这类似开展一项科学研究试验，即对特定分析的指标内容先提出自己的假设，之后再收集数据，根据自己设定的理论模型来分析数据，从而验证自己的假设是否正确，之后再进行决策。这就决定传统分析方法具有因素单一性和数据量限制的特点。

（一）大数据分析模型丰富

种猪数据记录系统的完善、数据量的累计、数据更具有连续性和代表性、资源更庞大，以及各种统计工具的出现、统计方法的应用，这些都为种猪数据分析提供了良好的平台和技术支持，成为当下数据分析人员对种猪数据分析处理的有效方式。因此，数据分析技术的完善，将会促进种猪生产数据的有效分析、有效利用、充分挖掘，并促进生猪产业进一步发展。

（二）大数据分析思路灵活

大数据的分析思路是收集所有能够获得的数据，通过预处理，再选择合适的模型开展分析，即"收集—分析—判断—决策"。这种分析方式基于大量的数据和强大的智能算法，没有限制条件，也没有提前假设这一环节，是通过特定的预处理方式，对所收集的种猪生产数据进行整理、分析，找出数据之间的联系及隐藏于其中的规律，进而为决策者提供参考，靶定需要解决的关键问题，并提出解决方案。种猪生产不再局限于几个固定因素和固化的饲养模式，只需要收集数据，利用数据整合和智能算法，使得种猪生产数据分析更为快捷、高效，实现数据的价值，为养猪生产者获得实实在在的效益。

Chapter

第二章

种猪生产的关键性能指标

在规模化养猪生产中，提高种猪繁殖效率是发挥其最大生产潜力及提升猪场经济效益的关键。母猪繁殖性能可以用每胎生产性能、年生产力、终身生产力和母猪群体性能指标来衡量。其中，母猪群体繁殖性能指标包括分娩率、断配率和返情率等。另外，种公猪不仅是猪群遗传改良的来源，也是影响母猪群分娩率和窝产仔数的关键因素。

第一节　母猪繁殖性能的关键指标及其影响因素

明确母猪繁殖性能关键指标的含义及其影响因素，可以确定母猪生产管理的关键点，并为制定明确的管理目标提供重要的信息。

一、评价母猪繁殖性能的指标

（一）每胎生产性能

1. 产仔数　一般统计产仔数时用总产仔数和产活仔数来反映。总产仔数是仔猪出生时的活仔数、死胎数和木乃伊在内的总头数。产活仔数是指出生时存活的仔猪数。产活仔数与总产仔数的比值称为仔猪成活率，即：

$$成活率＝（产活仔数/总产仔数）\times 100\%$$

2. 初生重　仔猪初生重包括初生个体重和初生窝重。初生个体重是指仔猪出生后 24h 以内称量的个体重量。初生窝重是指同窝活仔猪初生重的总和。由于初生个体重与仔猪断奶育成率密切相关，因此在生产中，通常把初生个体重＜0.8kg 的仔猪定义为弱仔；初生个体重≥0.8kg 的仔猪称为健仔。

3. 断奶仔猪数　是指母猪断奶时所提供的仔猪数。生产中，常根据实际情况调整母猪的带仔数，这意味着母猪带仔数与其分娩的活仔数有时并不一致。而计算育成率时，是用断奶仔猪数除以带仔数，即：

$$育成率＝（断奶仔猪数/带仔数）\times 100\%$$

其中，带仔数＝产活仔数＋转入仔猪数－转出仔猪数。因此，育成率最高为 100%。

4. 断奶重　断奶重包括断奶个体重和断奶窝重。断奶个体重是断奶时每头仔猪的重量。断奶窝重是断奶时全窝仔猪的总重量。

5. 断奶发情间隔　断奶发情间隔（weaning to estrus interval，WEI）是指母猪从断奶到再次发情的天数。在饲养管理水平高的猪场中，体况良好的母猪会在断奶后 3～5d 发情。一般而言，母猪生产目标是控制 WEI 在 7d 内。因此，统计一个猪群母猪断奶后 7d 发情的母猪与同一批断奶母猪数的比例，称为 7d 断配率。这是一个衡量母猪饲养效果的重要指标，也是构成母猪群非生产天数（non-productive days，NPD）的最主要因素。7d 断配率越高，NPD 越少。

（二）年生产力

母猪的年生产力（pigs weaned per sow per year，PSY）是指每头母猪每年提供的断奶仔猪数。PSY 是衡量母猪群繁殖效率一个重要的综合性指标，与猪场的经济效益密切相关，其计算公式为：

$$PSY = [（365 - NPD）/（L + K_1）] \times [（100 - M）N/100]$$

式中，L 表示泌乳天数（lactation length in days）；K_1 表示恒定的妊娠天数（constant gestation length in days）；M 表示仔猪断奶前死亡率（pre-weaning mortality）；N 表示产活仔数（number of piglets born alive per litter）。图 2-1 展示了 PSY 的构成因素。

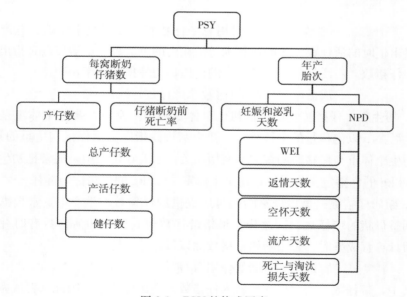

图 2-1　PSY 的构成因素

年生产胎次是指每头母猪每年的分娩次数。年产胎次的多少直接影响猪场的生产成绩。对于一头母猪而言，年产胎次＝365/（妊娠时间＋泌乳时间＋

WEI）；而对于一个母猪群而言，年产胎次＝（365－NPD）／（妊娠时间＋泌乳时间＋WEI）。其中，妊娠时间和泌乳时间相对固定，妊娠时间114d左右，泌乳时间是根据生产情况决定的，通常在21～28d。NPD是指成年生产母猪和超过适配年龄的后备母猪未妊娠及未泌乳的天数。在不同的猪场或猪群，NPD由于生产管理的差异，其变化是很大的，并直接影响了年生产胎次和PSY。因此，降低NPD也是提高PSY的关键途径。

（三）终身生产力

1. 母猪终身提供的断奶仔猪数　是指一头母猪从1胎生产开始到淘汰时提供的总产活仔数或断奶仔猪数。用终身生产力来评价母猪繁殖性能，可以更客观、更科学地反映母猪繁殖性能对繁殖成本的影响。

2. 总生产胎次　是指母猪从入群到淘汰时总共分娩的胎次。一般来说，低胎次母猪的产仔数较少。3～5胎时产仔性能最好，随后随着胎龄的增加产仔性能有所降低。一般，母猪淘汰时的胎次接近3胎时，才能达到母猪成本的盈亏平衡点。

（四）母猪群体性能指标

1. 分娩率　是指成功分娩的母猪数与参与配种的母猪数的比值。分娩率是对配种效率量化的一个技术指标，同母猪年生产胎次对应，关系到整个养殖场的生产成绩和经济效益。其计算公式为：

$$分娩率＝（分娩母猪数/配种母猪数）×100\%$$

2. 7d断配率　是指母猪在断奶后7d之内恢复发情再配种的比值。这个指标通常受到母猪泌乳期掉重的影响，但实质上反映了母猪在繁殖周期的饲养效果。生产管理好的猪场，7d断配率可以达到90%甚至更高；如果7d断配率低，需要对母猪饲养方式调整和改进。其计算公式为：

$$7d断配率＝母猪断奶后7d内发情数/母猪断奶总数×100\%$$

3. 返情率　繁殖母猪发情期配种后18～21d重新发情的现象称为返情。返情率是指配种后发生返情的母猪数占配种母猪数的百分比，也是衡量一个猪场配种效率和母猪繁殖效率的重要指标。返情母猪往往有不同于未返情母猪的发情行为，主要包括发情持续时间短和发情不明显，这两种症状对准确鉴定母猪发情非常不利。

4. 空怀率　是指母猪妊娠期内配种母猪出现空怀的比例。其计算公式为：

$$母猪配种空怀率＝空怀母猪头数/配种母猪头数×100\%$$

5. **流产率** 流产是指母猪在妊娠期间，由于各种原因造成胚胎或胎儿与母体之间的生理关系发生紊乱，致使妊娠中断，未充分完成其发育阶段的胚胎或胎儿被排出体外的现象。其计算公式为：

$$母猪配种流产率＝流产母猪头数/配种母猪头数×100\%$$

6. **死亡率** 是指在一定时间内由各种原因导致死亡的母猪占饲养母猪的比例。其计算公式为：

$$母猪死亡率＝某阶段内死亡的母猪数/此阶段的日均母猪饲养数×100\%$$

死亡率不仅是母猪健康及动物福利的一个重要指标，也影响着规模化猪场的经济效益，是影响 NPD 的重要构成因素。

7. **淘汰率** 是指在一定时间段内淘汰的生产性能低下、老弱病残等母猪数占饲养母猪数的比例。其计算公式为：

$$母猪淘汰率＝某阶段内淘汰的母猪数/此阶段的日均母猪饲养数×100\%$$

淘汰率是由母猪群的生产性能和盈亏平衡点来决定的，也是 NPD 的重要构成因素。

8. **更新率** 为了保证繁殖母猪的均衡生产和不断提高生产水平，将不符合生产要求和性能差的母猪淘汰，更换符合标准的母猪，称为母猪更新。通常以年度为基础来计算更新率，即：

$$年更新率＝全年母猪引种数/平均全群母猪基数×100\%$$

更新率是由淘汰率来决定的，更新率往往高于淘汰率。对于稳定的商品猪场，为保持母猪的繁殖性能和适宜的胎龄结构，母猪年更新率在 $30\%\sim40\%$。

9. **非生产天数** 母猪群中的母猪凡是没有妊娠或泌乳，都可以认为是处于"非生产"状态。但 NPD 这个指标在界定过程中比较复杂，WEI、空怀、返情、流产、死亡和淘汰等都构成了母猪群的 NPD。具体来说，构成后备母猪和经产母猪的 NPD 的因素又有所不同。

（1）后备母猪 NPD 包括后备母猪入群至初配的时间间隔、后备母猪初配至妊娠的时间间隔、后备母猪初配至淘汰的时间间隔。因此，对于后备母猪而言，可根据下面公式进行计算：

NPD（后备母猪）＝入群至初配间隔天数＋初配至妊娠间隔天数＋淘汰损失天数

因此，想要缩短后备母猪的 NPD，需要加强后备期培育，减少超龄不发情天数；或者利用同期发情技术使后备母猪达到最佳配种时间再配种，最大限度地缩短 NPD。

（2）经产母猪 NPD 包括经产母猪 WEI、配种后返情的间隔天数、配种后空怀的间隔天数、配种后流产的间隔天数、生产母猪断奶至淘汰的间隔天数、妊娠期间死亡和淘汰损失的天数。因此，对于经产母猪而言，NPD 计算公式为：

NPD（经产母猪）＝WEI＋返情天数＋空怀天数＋流产损失天数＋死亡和淘汰损失天数

（3）群体 NPD 计算公式为：

NPD（群体）＝WEI×分娩率＋返情天数×返情率＋空怀天数×空怀率＋流产天数×流产率＋死亡和淘汰损失天数×死淘率

NPD 是一个对母猪的饲养管理过程进行综合评价的指标，NPD 的延长直接减少了母猪群的年生产胎次，进而影响了 PSY；同时还会增加饲料成本、管理成本和种猪成本。因此，加强母猪的饲养管理，有助于缩短 WEI，减少母猪群的返情率、空怀率、流产率和死淘率，缩短 NPD，提高养殖效率。

二、影响母猪繁殖性能的因素

（一）动物因素

动物因素主要包括母猪的遗传、胎次、背膘和与配公猪。

1. 遗传 遗传因素是指猪的品种/品系以及杂交组合不同，繁殖性能不同。在品种方面，大白猪和长白猪产仔性能优于杜洛克猪；而在养猪生产中，杂种优势是提高母猪繁殖性能的常用手段，与纯种长白猪和大白猪相比，长×大二元母猪产仔性能更佳。

同一品种的不同品系母猪产仔数有很大差异。丹系母猪产仔数高于加系和美系母猪。但是，产仔数的增加也会导致仔猪初生重降低，弱仔猪的数量和比例增加。丹系母猪比美系母猪的仔猪初生重低，进而仔猪育成率也较低。

2. 胎次 胎次是影响母猪群分娩率和产仔数的主要因素之一。一般情况下，1 胎母猪的产仔数和泌乳力都最低。这是因为一方面，1 胎母猪的内分泌系统还不完善，黄体生成素分泌水平较低，抑制了卵巢卵泡的生长发育；另一方面，1 胎母猪还未达到体成熟，营养需要高于经产母猪，但采食量却更低。对于 2 胎母猪，由于头胎母猪泌乳期采食量不足，背膘和体重损失严重，很多进入 2 胎的母猪出现 2 胎综合征，即久不发情、屡配不孕、产仔数减少和淘汰率升高。母猪的产仔数在 3～5 胎时最高，5 胎以上的高胎次母猪，排卵率和受胎率降低。此外，高胎次母猪对胎儿生长空间需求的刺激及分娩刺激的反应减弱，也会导致胚胎死亡率、流产率和死胎数增加。因此，商品猪场需要规范母猪的淘汰程序，建立稳定的胎次结构，从而保持每年繁殖成绩的相对稳定。

3. 背膘　在整个繁殖周期，母猪的背膘能够反映母体在不同繁殖阶段的营养状况和体能储备，保持母猪群理想的背膘是获得最佳母猪生产力的重要手段。特别是母猪分娩前的背膘与仔猪初生性能和断奶性能都有密切的关系。分娩前背膘太薄的母猪，通常初生仔猪个体重偏轻，初生仔猪的存活率降低；且分娩后泌乳期的泌乳量也受会到影响。特别应该注意的是，如果妊娠末期母猪背膘过厚，不仅容易导致母猪在分娩过程中发生难产，增加产死胎的风险；而且会显著增加母猪产弱仔比例。同时，分娩前母猪的背膘越厚，分娩后的泌乳期采食量越低。因此，母猪在妊娠期的背膘管理是养好母猪的关键。对于初次配种的后备母猪，其适宜背膘厚为 13～15mm。对于经产母猪，不同品种/品系的最佳背膘厚不同，如美系大白猪的分娩前背膘厚为 18～20mm 时，其繁殖性能最佳；当背膘厚低于 15mm 时，会增加死胎数；而当背膘厚超过 22mm 时，会增加弱仔数。

此外，母猪分娩前背膘厚与泌乳期采食量呈负相关，这意味着分娩前背膘越厚，泌乳期采食量越低，进而影响母猪的泌乳性能。而膘情特别差的母猪，其泌乳期的泌乳性能差。如果母猪泌乳期背膘损失过多，会延长母猪的断奶发情间隔，甚至因为不发情，导致母猪提前淘汰。因此，使母猪保持适宜的膘情，特别是控制妊娠期母猪的膘情，是提高母猪繁殖性能的有效手段。

4. 与配公猪　优秀公猪提供的精液是优良遗传资源的保障，同时还是影响母猪分娩率和产仔数的重要因素。优秀的精液品质和配种管理对母猪受胎率和分娩率都有显著影响。例如，与常规输精方式相比，深部输精不仅能够有效减少输精量，而且还能提高母猪繁殖性能。

实际生产中公猪的精液品质受到多种因素的影响，包括品种、季节、饲养管理和采精频率等。因此，选留优质品种、配置适宜的日粮配方并采取合适的饲养模式，采取一些控制热应激的手段，以及严格限制采精频率等均会改善公猪精液品质，从而提高母猪的繁殖性能。

（二）环境因素

环境温度是影响母猪繁殖性能最直接的环境因素之一。母猪长时间处于环境温度为 25～35℃的状态时，对繁殖性能不利，会减少产仔数；同时对早期胚胎的发育和定植不利，会引起死胎和流产。此外，高温还会影响母猪内分泌系统，降低促性腺激素释放激素的分泌水平，卵巢卵泡发育受阻，黄体功能受损，导致母猪繁殖性能降低。因此，生产中需要控制母猪在适宜的环境温度范围内，以保障母猪的繁殖性能。

（三）管理因素

管理因素主要包括配种管理、产房管理和淘汰管理三个方面。

1. 配种管理　管理水平也是造成繁殖失败的重要原因。若母猪发情鉴定不准确，易造成母猪空怀。规模化猪场技术人员应每天查情 2 次，并在母猪发情期多次输精，可有效提高母猪分娩率。若输精时间和输精技术不佳，或妊娠检查不准确，易导致母猪返情和空怀。一般而言，在排卵前 12h 输精可显著提高母猪受胎率和胚胎存活率，减少返情的发生。在实际生产中，也可以通过 B 超检查来确定母猪的排卵情况，以便把握最佳输精时机，从而提高母猪的繁殖效率。

2. 产房管理　仔猪出生后的能量储备很低，为了补充能量，仔猪必须尽快摄取初乳。未成功摄取初乳的仔猪会变得虚弱，提高死于饥饿、寒冷或疾病的风险。大多数仔猪的死亡发生在出生后的 3d 内。由于初生仔猪体温调节能力较差，往往会靠近母猪取暖，这种行为是导致仔猪被压死的原因之一。因此，必须调节仔猪处于合适的温度范围。

仔猪断奶前死亡率在养猪业发达国家普遍较高（图 2-2），造成仔猪断奶前死亡的原因主要是被母猪压死、饥饿、寒冷和疾病，其中被母猪压死是最常见的死亡原因。而因饲养管理不当造成健康仔猪被压死占据了总死亡率的54％。因此，需要强化产房饲养员的责任心，不断地巡视，密切关注母猪的分娩过程，防止母猪压死仔猪。调教仔猪进保温箱睡觉和辅助仔猪哺乳，在很大程度上可以减少仔猪因挤压而造成的损失。

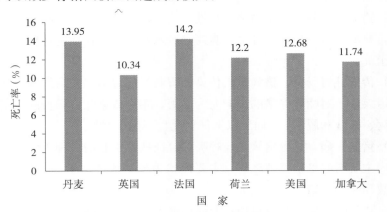

图 2-2　养猪业发达国家仔猪断奶前死亡率

3. 淘汰管理　母猪淘汰是影响母猪使用年限的重要原因之一，生产中母猪淘汰可分为正常淘汰和异常淘汰。正常淘汰主要是指对高胎次（7胎以上）、产仔少和母性差的母猪进行及时淘汰，使猪群保持稳定高产的生产状态；而异常淘汰指母猪由于各种不利因素如传染性疾病、繁殖障碍、肢蹄病、生殖系统疾病和乳房疾病等导致的淘汰。在美国、西班牙、瑞典和日本，母猪年淘汰率在35.7%～49.5%；我国规模化猪场年淘汰率在30%～40%。不同的繁殖阶段，母猪的淘汰原因不同，对于后备母猪，超过9个月不发情和肢蹄病是其主要淘汰原因；对于妊娠母猪，空怀、返情和流产以及应激和死亡是其主要淘汰原因；对于泌乳母猪，产奶量低和产仔数少是其主要淘汰原因。因此，须制定有效的淘汰方案，加强饲养管理，避免各繁殖阶段母猪异常淘汰的发生。

（四）疾病因素

疾病也是影响母猪繁殖性能的一个关键因素。母猪的疾病分为传染性疾病和普通病两大类。

1. 传染性疾病　母猪容易发生的传染性疾病包括非洲猪瘟、猪瘟、猪流行性腹泻、传染性胃肠炎、猪蓝耳病、猪伪狂犬病和细小病毒病。

（1）非洲猪瘟　其病毒毒力强，母猪的感染率和发病率较高。母猪患ASF后，会出现流产，并表现咳嗽、呼吸过快、食欲下降、体温上升或下降、便血、死亡等症状。生产中对感染母猪应直接淘汰。

（2）猪瘟　是一种由猪瘟病毒引起的具有高度传染性的病毒性疾病，感染猪瘟的母猪易发生流产，并产死胎和木乃伊。

（3）猪流行性腹泻　是由猪流行性腹泻病毒引起的一种影响各年龄猪的肠道疾病，典型症状是病猪急性水样腹泻、脱水和呕吐，在哺乳仔猪中发病率和死亡率很高。

（4）传染性胃肠炎　该病是由传染性胃肠炎病毒引起的高发病率和高死亡率的肠道疾病，对哺乳仔猪的影响尤为显著。感染传染性胃肠炎的仔猪会表现严重腹泻、呕吐和脱水，2周龄以下仔猪死亡率为100%。

（5）猪蓝耳病　是由猪繁殖与呼吸综合征病毒引起的一种急性高致死性传染。该病主要引起母猪繁殖障碍，主要症状为母猪流产、早产、分娩率降低、产活仔数和断奶仔猪数显著减少。

（6）猪伪狂犬病　是由猪伪狂犬病病毒引起的一种高度接触性传染病，猪是主要的宿主和传染源。感染伪狂犬病的种母猪表现为多次返情和屡配不孕，种用性能大大降低；妊娠母猪则表现为流产、产死胎和木乃伊；仔猪常表现为高热、呕吐和腹泻，15d 以内的仔猪死亡率高达 100%。

（7）细小病毒病　是引起母猪繁殖失败的常见病因。感染细小病毒病的母猪主要表现为发情延迟、受胎率低、流产、产死胎和弱仔。

2. 普通病　母猪常见的普通病主要包括胃溃疡、低温症、母猪产后瘫痪、母猪乳腺炎和子宫内膜炎。

（1）胃溃疡　发病母猪皮肤与黏膜发白，体质虚弱，精神不振，食欲下降，时常出现呕吐，吐出黄绿色黏稠的液状胃内容物，急性发作时可见突然死亡。我国该病在猪群中的发病率为 5%～25%，淘汰率可达 13% 以上。饲料质量不佳、粉碎过细，各种应激因素和遗传因素，或一些传染病均可诱发胃溃疡。

（2）低温症　母猪妊娠后或产仔后有时出现体温偏低，常处于 37.5℃ 左右，病猪表现不吃料，能喝水，耳及四肢末端发凉，机体稍瘦弱，被毛粗乱，肌肉震颤，结膜苍白，不愿运动，喜卧地。该病多是由于妊娠期间或产后饲养管理不良，饲料营养不全，导致母猪营养失调，体内热量不平衡而引起，冬季发病率较高。

（3）母猪产后瘫痪　是指母猪产仔前后突然发生四肢肌肉松弛、知觉丧失、不能站立、卧地不起、精神萎靡、食欲减少等症状。母猪妊娠期间摄入的钙磷量严重不足或比例失调，维生素、矿物质和蛋白质缺乏，造成母猪后肢或全身无力，骨质发生变化，而导致瘫痪的发生；母猪分娩时产生应激，引起血糖和血钙突然减少，产后血压降低，使大脑皮质发生机能障碍而引发瘫痪；此外，母猪助产不当，产后护理不好，均可诱发该病的发生。

（4）母猪乳腺炎　是泌乳母猪较为常见的一种疾病，常发生于产后 5d 之后，多发于一个或几个乳腺，临床诊断上以病猪发生红、肿、热、痛及泌乳减少，拒绝哺乳为特征。哺乳期乳房受到损伤或被咬伤，可感染多种病菌而引发乳腺炎；母猪产前产后饲料控制不当，饲喂发酵饲料和多汁饲料过多，可导致乳汁在乳腺泡和乳腺导管内积滞，进而引发乳腺炎；另外，母猪产后无仔猪吸乳或仔猪断奶过早，使乳汁积聚于乳房而被细菌感染，也可导致乳腺炎。

（5）子宫内膜炎　是当前规模化猪场普遍存在的繁殖障碍疾病。患子宫内膜炎的母猪常表现为食欲不振、阴道分泌物呈褐色、发情紊乱、屡配不孕和流产。引起母猪子宫内膜炎的病原菌主要有大肠杆菌、链球菌、葡萄球菌和变形杆菌。

总之,疾病是影响母猪淘汰和繁殖性能的重要因素,防控疾病是实现母猪繁殖性能的重要保障。因此,在生产中,母猪发病原因需要准确和详细地记录,为母猪性能数据分析提供重要参考。

第二节　公猪繁殖性能的关键指标及其影响因素

一、评价公猪繁殖性能的指标

(一) 精液品质

射精量、精子密度、精子活力及精子畸形率是反映公猪精液品质的 4 个常规检测指标。公猪射精量的多少及精子密度的高低共同决定了采精后能够获得的总精子数,以此反映公猪睾丸的生精能力;而与母猪受胎率密切相关的精子活力和畸形率则能反映公猪精液品质及授精潜力。

1. 射精量　公猪每次的射精量介于 200~600mL,每次射精中包含 $10 \times 10^9 \sim 10 \times 10^{10}$ 个精子。

2. 精子密度　精子密度常用每毫升精液所含精子数表示,准确评估精子密度不仅有助于诊断精液是否可用,而且能预测每次射精能够制得的产品头份数。精子密度常用密度仪和计算机辅助精液分析系统 (computer-assisted semen analysers,CASA) 来度量。

3. 精子活力　被认为是评估精液品质的重要指标之一。公猪精子活力与母猪产仔率及窝产仔数存在正相关。

4. 精子畸形率　评估精子形态能够有效反应公猪生精上皮及附睾的功能,并且可以作为评估精液品质和公猪潜在繁殖力的一项重要指标。

(二) 性欲

公猪性欲是指爬跨母猪或假母畜开始,到完成射精全过程的一种性能力。在实际生产和科研中,公猪性欲的评估主要是通过采精过程中各个阶段的反应时间长短 (表 2-1) 以及采精行为表现来进行 (表 2-2)。但是,公猪饲养中常出现公猪性欲下降而不能顺利采精的情况。性欲差已成为导致公猪淘汰的四大主要原因之一,仅次于遗传选育差、精液品质差和肢蹄病原因,直接影响公猪采精效率及猪场经济效益。公猪的性欲与饲养管理水平有关,过肥的公猪性欲差。青年公猪调教不当以及采精人员粗暴对待公猪也会降低公猪性欲。

表 2-1　人工授精公猪采精阶段反应时间和性行为特征

采精阶段	采精阶段反应时间和行为特征
接触假母猪	公猪进入采精栏—接触假母畜阶段所用时间
爬跨	公猪进入采精栏—首次爬跨阶段所用时间
开始采精	公猪进入采精栏—开始采精阶段所用时间
采精结束	公猪开始采精—采精结束阶段所用时间
采精过程	公猪采精过程中爬跨错误次数

表 2-2　公猪性欲评分标准

评分	公猪行为
1 分	对假母畜无兴趣
2 分	对假母畜有轻微兴趣但未尝试爬跨
3 分	爬跨假母畜后阴茎未能正常勃起
4 分	爬跨假母畜后阴茎能正常勃起但未能正常采集精液
5 分	爬跨假母畜并完成正常采集精液过程

（三）肢蹄健康状况

肢蹄病是导致公猪淘汰率高的重要因素。猪肢蹄病是猪四肢和四蹄疾病的总称，开始时病猪肢蹄出现各种损伤，形成局部感染，最后会导致公猪跛行，以步态、姿势和站立不正常以及支持身体困难为主要症状。

1. 蹄部损伤

（1）蹄部损伤类型　主要包括蹄跟腐蚀、蹄跟与足底连接处分离和撕裂、白线分离和撕裂、蹄壁水平和垂直撕裂、蹄部附近皮肤腐蚀、悬蹄生长过长。蹄甲强度在柔软和坚硬组织区域变化很大，这些区域的连接处对损伤尤其敏感。这可能是由于这些区域的矿物质组成不同，在蹄壁坚硬的区域，Ca、P、Cu 和 Zn 含量较高，而柔软的蹄跟处角蛋白含有较多的水分、Na、K 和 Fe。此外，白线分离及蹄壁撕裂引起跛行的发病率达到了 5%～20%，是猪跛行主要的诱因。

（2）评分标准　根据损伤程度对每种损伤类型进行评分：0 为正常；1 为轻度损伤；2 为中度损伤；3 为重度损伤。损伤程度以总得分判定，总得分以不同部位、不同损伤类型得分相加而得，得分越高表示损伤越严重（表 2-3）。

表 2-3　蹄部损伤评分标准

评分	评分标准
	悬蹄损伤（DC）
1（轻度）	稍长于正常悬蹄
2（中度）	站立时悬蹄触及地面
3（重度）	悬蹄撕裂或部分或完全缺失
	蹄跟过度生长或腐蚀（HOE）
1（轻度）	蹄跟轻微生长过长或腐蚀
2（中度）	蹄跟明显生长过长或腐蚀，伴随多处撕裂
3（重度）	蹄跟生长过长或腐蚀处大量撕裂
	蹄跟-蹄底连接处撕裂（HSC）
1（轻度）	连接处轻微分离
2（中度）	连接处较长分离
3（重度）	连接处既长又深的分离
	白线分离（WL）
1（轻度）	白线短和浅的分离
2（中度）	白线发生较长分离
3（重度）	白线发生既长又深的分离
	蹄壁横向撕裂（CWH）
1（轻度）	蹄壁明显出血，短/浅的水平撕裂
2（中度）	蹄壁具有长但浅的水平撕裂
3（重度）	蹄壁多处具有深的撕裂
	蹄壁纵向撕裂（CWV）
1（轻度）	蹄壁具有短/浅的纵向撕裂
2（中度）	蹄壁具有长但浅的纵向撕裂
3（重度）	蹄壁多处具有深的撕裂

2. 跛行

（1）跛行的定义　通常将猪不能使用一个或多个肢蹄行走，但未受影响的肢蹄能够正常行走的现象定义为跛行。猪患有跛行会由于疼痛和不适而发生步态和姿势的改变，导致病猪行为异常，环境适应能力减弱，进而被淘汰。跛行的临床症状一般表现为损伤肢蹄不能负重、步幅改变及躺卧时间延长。因此，从动物福利角度考虑，跛行是被评估和监测的一个重要指标。

（2）评估方法　包括视觉运动评分、动力学分析、根据姿势行为评估和根据体重分布评估 4 种方法。

①视觉运动评分　是对动物行走能力的评估。视觉运动评分一般采用视觉模拟评分法（visual analogue scale/score，VAS），该方法比较灵敏，结果具有可比性。具体做法是：在纸上划一条 100mm 的横线，横线的一端为 0，表示无痛；另一端为 10，表示剧痛；中间部分则表示不同程度的疼痛；观察者可以根据现场观察结果进行评分。一些典型的和常用的指标包括患病动物不愿运动、步速降低、步幅减小而不均匀、嚎叫和左右摇摆。然而，视觉运动评分在猪上的应用比较困难，因为猪会隐藏一些跛行的典型症状，尤其是当猪从猪群中分离出来单独观测时。患病肢蹄没有承重或拒绝移动；承重不均匀、不对称站立、前后肢外翻或者四肢僵直是猪患关节病的常见症状。

②动力学分析　是采用压力敏感的跑道实时记录和分析动物步态的变化，这种技术在奶牛生产中已经被应用和发展，并且评估结果优于视觉运动评分。动力学分析记录指标主要包括步幅大小、步速、摇摆和站立时间、蹄部高度和关节角度等。与奶牛视觉运动评分结果类似，步态特征指标随跛行的严重程度不同而不同。另一种动力学分析法为足迹分析法，并且已经在多种动物上应用于研究运动问题，该方法使得四肢定位的研究成为可能，能够检测动力学中不能被量化的指标，如蹄部防滑性、蹄部角度、蹄部与地面接触的区域以及对侧肢蹄在行走过程中的距离。足迹分析法一般是在地板下面安装录像器，并且在研究对象上安装压力感受器记录其行走过程。然而，由于猪的大小、重量和处理的难度，这种技术很难在猪上被使用。改进的方法是在走廊或者跑道上覆盖泥土，以此获得研究对象（猪）的运动足记，达到评估跛行的目的。

③根据姿势行为评估　该评估方法经常被用于动物行为的研究当中，用以评估所有的运动或者更多特殊的行为。由于跛行猪站立困难，因此测定站立时间可以反映跛行发病严重程度，可以依据采食时的站立时间来评判。另外，还有一些指标可以间接反应猪跛行的严重程度，如姿势改变时间、每天改变姿势的频率，以及溜走、踱步和不经意的移动等。分析这些指标的传统方法是通过直接观察或者录像观察整个猪群，但比较耗时。因此，自动记录系统（感受器）被用来研究和评估猪的姿势行为，而且结果比较可靠。这种带有感受器的自动记录系统能够准确记录猪的站立时间，并且能够潜在区分和记录母猪的不同活动；但是准确识别不同的姿势还有困难。

④根据体重分布评估　即评估受伤四肢的承重。跛行动物为了减小疼痛而减少受伤四肢的承重，它们会把体重分布在健康的肢蹄上。这种体重分布评估方法在猪移动和静止时均能够进行测量。在测力板和走道上安装压力感受器已

被应用在测定体重分布中，尤其是在移动中的垂直压力。通过从四肢承重中区分其中一个肢体的承重可以计算体重分布。当跛行猪走在安装压力感受器的走道上时，受伤肢体的承重减少。然而，测定移动中的猪体重承重分布时，步速和地面情况对结果影响很大，因为这两个因素会影响垂直力和站立时间。因此，可以采用猪静止时测定的数据进行评估。此外，踱步行为与体重移位相比更能代表跛行，病猪通过经常踱步来转移体重以减轻受伤肢蹄的负重。尽管跛行的猪表现出高频率的踱步行为，但是踱步频率的阈值如何反应跛行严重程度还有待进一步研究。

（四）公猪种用年限

公猪种用年限是指从引种到淘汰所经过的时间。优秀公猪种用年限缩短，会直接影响其发挥繁殖潜力，导致公猪站经济损失增加。20 世纪 90 年代，公猪种用年限平均只有 20 个月；到 21 世纪初期，淘汰公猪年龄也主要集中在 1～2 岁。因此，种用年限短是公猪生产中面临的一个突出问题。

二、影响公猪繁殖性能的因素

（一）动物因素

选择遗传品质优秀的公猪对保障公猪优秀的繁殖性能和生产力至关重要。品种是影响公猪精液品质的重要因素，不同品种公猪群体精液品质参数呈现一定的差异，如皮特兰猪和杜洛克猪的总精子数低于德国长白猪、大白猪和英国大白猪；杜洛克猪的精子畸形率显著高于大白猪和长白猪。但不同品种的公猪在精子运动性和形态上差异很小。

此外，在有关雄性动物性欲的评估中，性行为表现和交配能力等往往很低，一部分原因就是与遗传选育有关。品种对性欲的影响在家禽和肉牛上已有报道，与这两个物种相比，公猪性欲具有遗传基础，如杂种公猪的性欲要强于纯种公猪。由此可知，不同品种的公猪，其性欲表现可能会有所不同。

（二）环境因素

公猪的栏舍结构、地板类型、猪舍温度、光照条件也是影响公猪繁殖性能的因素。

1. 栏舍结构 猪舍类型与公猪精液品质相关，特别是幼龄公猪的猪舍类型会影响精子的产生。与单独饲养的公猪相比，饲养在围栏里的公猪腿部更健壮，性欲强，第一次交配成功率高，射精量也更高。目前，从公猪饲养密度、饲养成本和生产力等多个角度考虑，多数公猪站的猪舍类型均包括大栏饲养和定位栏饲养两种。大栏栏舍结构设计可以提供较大的运动空间，有利于猪的运动；定位栏栏舍结构设计虽然节省栏舍建设面积，但是限制了猪的活动空间。此外，传统半封闭饲养模式下，公猪总精子数和精子质量显著低于空气过滤饲养模式下的公猪，因此，良好的空气质量对公猪的生产和福利是必不可少的。

2. 地板类型　实体地板和全漏缝地板是两种主要的公猪饲养模式。较实体地板类型而言，全漏缝/半漏缝地板类型更易保持地面的清洁和干燥；然而同样存在弊端，当漏缝边缘设计锋利，或者漏缝宽度设计不合理时，容易造成猪卡蹄，增加了公猪跛行发生的风险。地板类型对猪步态异常有影响，实体地板比漏缝或半漏缝地板更有助于降低跛行发病率。粗糙、湿滑或者缝隙间隔过窄的漏缝地板会增加仔猪肢蹄破损和肿胀的发生率，进而导致跛行的发生。此外，相对于室内饲养体系，室外饲养体系同样能降低猪跛行发病率。因此，在设计公猪站时，需要考虑地板类型、地板的硬度和光滑度。

3. 猪舍温度　猪舍环境中的温度变异会导致公猪精液品质的降低。公猪每天于 34.5℃暴露 8h 或 31.0℃暴露 16h，精子活力和正常精子形态比例降低，生育力降低。昼夜温差超过 10℃（25～35℃）和湿度超过 90%的饲养环境，也会降低精子数量。特别是夏季高温环境会导致公猪性欲降低，但是这种损害作用是暂时的；当环境温度比较凉爽时，高温引起的公猪性欲减退现象消失。因此，控制公猪饲养的环境温度，可以提高公猪的繁殖性能。

4. 光照条件　光照可通过影响褪黑素的合成与分泌来影响哺乳动物精子发生过程。光照还与雄性哺乳动物性行为有关。秋冬随着白昼时间缩短、黑夜时间延长，公猪繁殖能力增强；当白昼时间变长时，公猪繁殖能力降低。青年公猪从 11 周到发情期（24～26 周）通过自然光照结合人工光照的方式保持每天 15h 光照，可以提早性成熟和提高性欲。而成年公猪在 24h 人工光照或 24h 完全黑暗的极端条件下持续饲养 3 个月，可导致公猪的射精量和精子密度在饲养 1 个月时下降，而在 3 个月后恢复至处理前水平。这提示，给予适当光照可以提高公猪的繁殖性能，虽然极端光照条件能影响公猪的产精能力，但公猪能够逐渐适应光照周期的变化。

（三）管理因素

种公猪精细化管理是提高公猪健康水平和繁殖效率的有效措施。这里主要介绍营养管理、引种月龄、采精频次等管理方式。

1. 营养管理　　营养是维持公猪生命活动、产生精子和保持旺盛配种能力的物质基础。公猪摄入的日粮能量水平、蛋白质、矿物质和维生素等是影响其繁殖性能的关键因素。

（1）能量水平　　日粮能量不足时，后备公畜生殖器官发育不正常，性成熟推迟；成年公畜性器官机能降低、性欲减退。能量过高时，后备公畜的性活动减少；成年公畜体况肥胖、性机能减弱。此外，当限制公猪日粮能量水平低于维持水平140%时，会对精子量和性欲产生负面影响，但不影响精子活力；且限饲能有效减轻猪跛行的症状。因此，日粮适宜的能量水平是维持公猪肢蹄健康和正常繁殖性能的基础。

（2）蛋白质水平　　公猪蛋白质和氨基酸水平过低会影响精子的形成和降低射精量；过高则会降低精液品质和精子活力，使精子畸形率提高。在蛋白质水平（氨基酸水平）对公猪性欲的影响方面，与正常组（蛋白质水平：160g/kg；赖氨酸摄入量：18.1g/d）相比，低蛋白质日粮组（蛋白质水平：70g/kg；赖氨酸摄入量：7.7g/d）显著降低公猪性欲。此外，公猪日粮中添加0.8%的L-精氨酸显著增加了公猪睾丸重量、精原细胞数量和生精上皮高度，且提高了雄性生殖激素水平。因此，维持公猪日粮适宜的蛋白质水平或补充一些功能性氨基酸，对公猪的繁殖性能有利。

（3）矿物质　　Ca和P对精液品质影响很大。Ca和P缺乏时，发育不全和活力不强的精子增多；但Ca过高，亦会影响精子活动。Ca、P的水平及Ca/P对维持骨质量也必不可少。当饲喂低P日粮时，Ca/P超过1.3，会导致动物生产性能下降，骨骼发育不全；当饲喂高P日粮时，如果Ca/P超过2，会对动物产生副作用。在评估Ca、P水平对骨骼发育的影响时，Ca和P的有效利用率同样重要，在低P水平下，正常饲喂Ca加重了P的无效利用率。在商业养殖模式下，生猪体重33～55kg时，0.22%有效P水平，以及体重88～109kg时，0.19%有效P水平条件下，第3、4掌骨弯矩和骨灰分含量达到最佳。另外，Ca水平能够影响蹄角的角质化作用，日粮Ca水平不足会降低血液中Ca浓度，因而减少了供给角化细胞Ca的量，引起蹄角角化不良。

此外，多种必需微量元素如Fe、Cu、Zn、Mn、Se等对正常的精子发生、成熟及功能都是必不可少的。

（4）维生素　　维生素对精子发生和骨骼发育至关重要。例如，维生素A缺乏时睾丸萎缩，生精过程停止。在公猪日粮中补充混合维生素（维生素C、维生素E、β-胡萝卜素、叶酸等）42d或84d后，能够降低公猪精子DNA损伤约 55%。维生素 D 在骨骼发育过程中发挥重要作用，这与维生素 D 在调控 Ca 吸收、代谢和骨中 Ca 沉积方面的作用密切相关。维生素 D 的活性形式 1,25- $(OH)_2D_3$ 能够维持血浆 Ca、P 水平，使其参与骨的矿化过程，当肝脏中维生素 D 发生羟基化作用时，Ca 和 P 可利用率降低，进而影响骨质。生物素（Vitamin H，VH）对猪蹄部损伤具有积极影响，VH 的低效利用增加了猪患跛行的风险。生长期后备公猪饲喂 220μg/kg VH 降低了足趾损伤的发病率。因此，适宜的维生素水平对提高公猪繁殖能力和促进骨骼发育有重要作用。

2. 引种月龄　引种过早会导致公猪性欲降低并影响其后续性能力，6 月龄首次采精公猪开始射精时间显著长于 8～9 月龄引种公猪。公猪在 9 月龄前引种，其种用年限逐渐延长，10 月龄后引种，其种用年限开始下降。5 月龄和 6 月龄引种的公猪，其种用年限显著短于 8 月龄和 9 月龄引种的公猪。此外，8 月龄和 9 月龄引种的公猪，其精液有效精子数显著高于其他月龄引种公猪。因此，8～9 月龄引种对公猪的性欲、精液品质和种用年限都有利。

3. 采精频率　公猪采精频率过高也会导致公猪性欲下降，对于 8～10 月龄公猪，一般建议采精频率为 1 周 1 次；对于成年公猪也应合理制定采精频率，一般为每 2 周采精 3 次。高频率的精液采集对精子的形态和活力有负面影响。与同期每隔一天采精 1 次的公猪相比，连续 4d 每天采精 2 次的公猪精液中精子的畸形率高且运动能力差。因此，合理的采精频率是保障公猪精液品质优良的重要条件。

4. 其他方面　保持适当的运动量可促进公猪的食欲和消化，增强体质，避免肥胖，提高配种能力；栏舍卫生状况会对公猪性欲产生影响，当栏舍卫生条件差时，公猪爬台反应时间和开始射精时间变长，性欲降低；须定期给公猪沐浴，猪舍内要定期消毒，保持清洁干燥。此外，加强公猪的免疫，并做好相关治疗和记录，有利于后续查找问题公猪。

（四）疾病因素

在公猪生产当中，公猪繁殖障碍性疾病和跛行相关疾病是公猪常见的主要疾病类型。

1. 公猪繁殖障碍性疾病　是指以表现性器官受损（睾丸和阴囊肿大、萎缩）、性欲减退或缺乏、不能交配、产精能力下降（精液量少、精子密度低、精子活力差）等为症状的一类疾病。又可分为传染性繁殖障碍性疾病和非传染性繁殖障碍性疾病。

（1）传染性繁殖障碍性疾病　主要包括乙型脑炎、布鲁氏菌病和衣原体感染三种。

①乙型脑炎　是由日本脑炎病毒引起的一种急性人兽共患传染病。主要通过蚊蝇传播，夏季多发，天冷后发病率明显降低。多发生在 6 月龄以上猪，感染率高，但发病率只有 20％～30％，死亡率也较低。其症状表现为食欲减退、渴欲增加、性机能减退、精液品质下降。也有公猪后肢关节炎、麻痹、走路不稳等，甚至出现神经性症状如摆头、乱冲乱撞等。

②布鲁氏菌病　主要是由布鲁氏菌引起的一种急性或慢性传染病。病猪及带菌猪是主要传染源，可通过交配、消化道等途径传播。该病症状为睾丸炎和附睾炎，呈一侧或两侧睾丸肿大硬固、有热痛，精液带毒。有的病猪睾丸发生萎缩、硬化，性欲减退或丧失；有的发生后肢关节炎、腱鞘炎、跛行，甚至后肢麻痹等。

③衣原体感染　是由鹦鹉热衣原体引起的一种人兽共患传染病。可通过水平传播（直接接触、消化道和呼吸道感染）及垂直传播（胎盘）传染。定居于猪场的老鼠、野鸟等可携带病原。发病无明显季节性。该病症状多表现睾丸炎、附睾炎、尿道炎、龟头包皮炎；输精管出血性炎症，尿道排出带血的分泌物。病猪精子质量（品质、活力、数量）下降。用发病公猪的精液输精会出现妊娠母猪大批流产。

（2）非传染性繁殖障碍性疾病　主要症状包括睾丸炎和阴囊炎、公猪性欲减退或缺乏、种公猪不能采精以及种公猪不能繁殖。

①公猪睾丸炎和阴囊炎　是以一侧或两侧睾丸和阴囊局部伴发痛性肿胀为主要特征，表现剧痛潮红，肿胀及变硬，食欲降低，体温达 40℃ 以上，并伴有全身热候，后肢运动障碍。多是由于阴囊打撞、咬伤化脓、尿道或输精管炎症化脓，以及夏季高温和其他热性疾病引起。

②公猪性欲减退或缺乏　是指公猪见到发情的母猪反应迟钝，厌配或拒配；爬跨时阳痿不举或偶尔能爬跨但不能持久，交配时间短，射精量少，精子数和活精子数减少，精子活力下降。多为先天性生殖器官发育不良、激素分泌异常、年龄过大、营养失调、运动不足、应激、使用过度、调教方法不当和饲养环境不佳等引起。

③种公猪不能采精　是指公猪有性欲，但见发情母猪不能爬跨，采精时疼痛鸣叫。这可能是因种公猪患蹄病或骨关节病，爬跨时后肢不能撑重，不待交配而跳下；也可能是因阴茎、龟头、阴囊、阴鞘发炎疼痛而不能正常采精。

④公猪不能繁殖　主要包括无精、少精、死精、血精、精子畸形等精液品质差的现象。无精及少精的发生多与内分泌紊乱及睾丸发育不良有关。附睾、

输精管变性，排精通道不畅，也是少精或无精的一个原因。死精多为睾丸、附睾、副性腺的炎症，以及注射疫苗、中暑、应激等所致。长期营养缺乏和大量使用抗生素，以及饲喂霉变饲料等也能引起精子突然死亡。血精常见于精囊腺炎、前列腺炎及后尿道炎或后尿道充血等症。

2. 跛行相关疾病　在猪群中，跛行的诱发因素错综复杂，从病理学上分析有感染性和非感染性两种，具体分类见表 2-4。

表 2-4　诱发跛行的病因

感染性病因	非感染性病因
布鲁氏菌病	骨折
梭菌属疾病	蹄叶炎
丹毒	软骨病（腿弱症）
口蹄疫	肌肉撕裂
支原体性关节炎	营养不良
沙门氏菌病	猪应激综合征
猪水泡病	外伤
链球菌感染	

在生产中，一般将关节炎（Osteoarthritis，OA）、软骨病（Osteochondrosis，OC）和蹄部损伤（Claw lesions，CL）列为引起猪群跛行的三大主要原因。这也是猪群淘汰和处以安乐死的三大重要原因。这三种疾病通常会影响猪的关节软骨和蹄部，因此在生产中，选择适宜的指标来衡量蹄部损伤的发病率及损伤程度，可以有效预防跛行的发生，对于制定相应的治疗方案具有重要意义。

Chapter

3

第三章

种猪生产大数据的获取

　　开展种猪生产数据分析，必须获取有效数据。通常，种猪生产数据获取的渠道主要有官方和行业协会，包括政府官方统计部门或职能部门的数据、行业协会调查的数据、相关媒体报道；也有企业平台数据，包括生产管理软件系统和种猪公司的数据等。不同的渠道其数据获取和采集的方式不同。

第一节　种猪生产数据的来源

一、官方和行业协会

　　种猪生产数据可以通过一些官方和行业协会发布的资料来获取，这些数据可以为我们种猪生产数据分析提供参照和比对的基础。

（一）中国统计年鉴

　　《中国统计年鉴》是国家统计局编印的资料性年刊，其中不仅收录了全国和各省、自治区、直辖市的年度经济、社会各方面的统计数据，而且收录了重要历史年份全国主要统计数据。在国家统计局官方网站 http：//www.stats.gov.cn/tjsj/ndsj/上，可以查询到 1999—2020 年共 22 年的统计年鉴（图 3-1）。在农业章节中，不仅可以查询到历年和各省份的肉猪出栏量、

图 3-1　国家统计局官方网站中查询的历年中国统计年鉴

年底猪存栏量和猪肉产量 3 个数据指标，还可以获取国有农场农垦系统中历年年底的猪存栏量和猪肉产量数据。

（二）农业农村部

统计年鉴反映的是国内生猪生产的宏观情况，从农业农村部数据频道官方网站 http：//zdscxx. moa. gov. cn：8080/nyb/pc/index. jsp 可以获取进一步的养猪生产相关数据。在数据频道底部的"资源导航"条目中包含"统计资料""农业综合""农业生产""农业市场"和"全球农业"等十个分类主题相关的数据和分析报告。在"全球农业"主题中，可以查询到全球不同国家、不同时间的生猪存栏量和猪肉产量（图 3-2），能够及时了解和对比全球不同国家和地区养猪相关数据。

图 3-2　农业农村部官方网站全球农业主题中查询的全球不同国家的
生猪存栏量和猪肉产量

在"农业生产"主题中，可以通过左侧过滤控件，来选择和显示国内不同时间、不同省份、不同品类和数据指标名称的数据，能够查询和获取生猪出栏量、能繁母猪存栏量、年末生猪存栏量和猪肉产量数据指标（图 3-3），以此了解国内养猪业的动态变化。

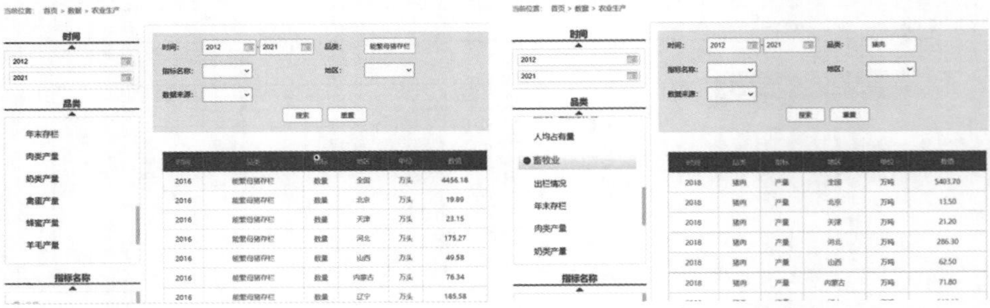

图 3-3　农业农村部官方网站农业生产主题中查询的国内养猪生产数据

在数据频道首页，可以从"农业农村重要经济指标"的子条目"农产品市场"栏中，查询月度或者年度的猪肉出厂价格和主要饲料产品市场价格（图3-4）。

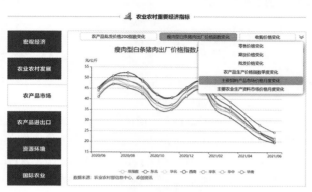

图 3-4　农业农村部官方网站数据频道首页展示的猪肉
出厂价格和饲料价格信息

在"农业市场"主题中，可以通过左侧过滤控件选择成本收益项目下的"畜禽产品"条目，右侧过滤控件在品类中可以选择散养、小规模、中规模和大规模生猪，可以查询的指标包括仔猪重量、平均饲养天数、耗粮数量、管理费用、服务费用、销售产值和净利润等生产、管理、成本和收益明细数据（图3-5）。

图 3-5　农业农村部官方网站农业市场主题中查询的国
内养猪成本收益明细数据

（三）行业协会

从国内的行业协会网站可以获取很多相关信息，如从全国畜牧总站主办的"中国畜牧兽医信息网"，可以查询生猪产品行情变化、饲料生产情况和种猪遗传评估数据等相关信息；由中国畜牧业协会猪业分会主办的"中国猪业网"，可以查询国内各地区的生猪和饲料价格行情的数据（图 3-6）。

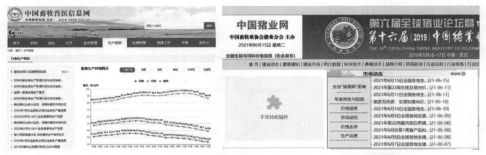

图 3-6 中国畜牧兽医信息网和中国猪业网查询的养猪生产数据

国外行业协会也有很多公开发布的养猪数据可以查询，如英国农业与园艺发展局（Agriculture and Horticulture Development Board，AHDB）每年都会发表年度养猪生产成本报告。该报告主要收集欧洲和北美 17 个国家历年繁殖性能和养猪生产成本数据（图 3-7）。其中，繁殖性能数据包括母猪 PSY、年生产胎次、生长和育肥阶段的死亡率、育肥阶段日增重、育肥的料重比和每头母猪每年提供的屠宰胴体重等；而养猪生产成本包括饲料、劳动力、折旧和其他可变成本的数据。

Table 6. Summary of financial performance, 2017–2019 (£/kg cold deadweight)

Financial performance (£/kg deadweight)	AUS			BEL			BRA (MT)		
	2017	2018	2019	2017	2018	2019	2017	2018	2019
Feed	0.78	0.89	0.87	0.80	0.84	0.80	0.54	0.59	0.59
Other variable costs	0.22	0.22	0.23	0.19	0.18	0.18	0.14	0.11	0.12
Total variable costs	0.99	1.11	1.09	0.98	1.02	0.98	0.68	0.70	0.71
Labour	0.15	0.15	0.15	0.10	0.10	0.06	0.06	0.04	0.03
Depreciation and finance	0.27	0.27	0.27	0.17	0.17	0.11	0.11	0.11	0.12
Total fixed costs	0.41	0.43	0.43	0.27	0.28	0.23	0.17	0.15	0.16
Total	1.41	1.54	1.53	1.25	1.30	1.21	0.85	0.85	0.87

	BRA (SC)			CAN			DEN		
	2017	2018	2019	2017	2018	2019	2017	2018	2019
Feed	0.82	0.75	0.72	0.66	0.69	0.60	0.71	0.75	0.79
Other variable costs	0.12	0.10	0.08	0.09	0.12	0.13	0.19	0.20	0.19
Total variable costs	0.94	0.85	0.80	0.76	0.81	0.73	0.90	0.95	0.98
Labour	0.07	0.06	0.05	0.13	0.11	0.12	0.13	0.13	0.13
Depreciation and finance	0.11	0.09	0.10	0.09	0.09	0.08	0.17	0.17	0.16
Total fixed costs	0.19	0.14	0.15	0.22	0.22	0.20	0.31	0.31	0.29
Total	1.12	0.99	0.95	0.98	1.03	0.93	1.20	1.25	1.27

	FIN			FRA			GER		
	2017	2018	2019	2017	2018	2019	2017	2018	2019
Feed	0.74	0.81	0.77	0.77	0.80	0.83	0.75	0.80	0.77
Other variable costs	0.33	0.32	0.35	0.23	0.23	0.24	0.27	0.29	0.27
Total variable costs	1.07	1.12	1.12	1.01	1.03	1.07	1.02	1.09	1.04
Labour	0.15	0.15	0.15	0.12	0.12	0.13	0.14	0.13	0.14
Depreciation and finance	0.28	0.26	0.22	0.18	0.18	0.17	0.21	0.22	0.23
Total fixed costs	0.43	0.41	0.37	0.29	0.30	0.28	0.34	0.35	0.36
Total	1.50	1.53	1.49	1.30	1.33	1.35	1.36	1.44	1.40

Table 7. Summary of physical performance, 2017–2019

Physical performance	AUS			BEL			BRA (MT)		
	2017	2018	2019	2017	2018	2019	2017	2018	2019
Pigs weaned/sow/year	24.90	24.79	25.27	29.83	29.63	28.97	27.40	28.71	28.34
Pigs reared/sow/year	24.15	24.19	24.51	28.64	28.30	27.72	26.86	27.85	27.49
Pigs sold/sow/year	23.71	23.72	24.04	27.76	27.31	26.83	26.27	27.15	26.80
Litters/sow/year	2.29	2.29	2.29	2.34	2.34	2.27	2.41	2.43	2.41
Rearing mortality (%)	3.00	2.40	3.00	4.00	4.50	4.30	2.00	3.00	3.00
Finishing mortality (%)	1.81	1.96	1.90	3.10	3.50	3.20	2.20	2.50	2.50
Finishing daily liveweight gain (g/day)	810	805	810	694	700	701	831	880	680
Finishing feed conversion ratio	2.86	2.87	2.88	2.76	2.78	2.74	2.60	2.50	2.50
Average liveweight at slaughter (kg)	121	121	122	116	116	116	110	110	110
Average carcase weight – cold (kg)	94.7	95.0	95.1	94.4	95.7	96.3	89.3	82.0	82.0
Carcase meat production/sow/year (kg)	2,245	2,252	2,286	2,620	2,615	2,585	2,346	2,226	2,197

	BRA (SC)			CAN			DEN		
	2017	2018	2019	2017	2018	2019	2017	2018	2019
Pigs weaned/sow/year	27.72	27.87	28.09	25.68	25.34		33.29	33.57	33.60
Pigs reared/sow/year	27.17	27.27	27.48	26.17	24.83	24.83	32.26	32.49	32.39
Pigs sold/sow/year	26.35	26.66	26.87	24.29	23.96	23.96	31.26	31.42	31.29
Litters/sow/year	2.33	2.33	2.32	2.32	2.30	2.30	2.26	2.26	2.26
Rearing mortality (%)	2.00	2.16	2.16	2.00	2.00	2.00	3.10	3.60	3.60
Finishing mortality (%)	3.00	2.25	2.25	3.50	3.50	3.50	3.10	3.30	3.60
Finishing daily liveweight gain (g/day)	820	827	827	876	876	876	971	975	991
Finishing feed conversion ratio	2.60	2.44	2.44	3.00	3.00	3.00	2.66	2.63	2.63
Average liveweight at slaughter (kg)	122	121	120	127	128	130	114	113	115
Average carcase weight – cold (kg)	90.7	90.1	89.3	100.0	100.8	101.8	85.8	86.0	86.6
Carcase meat production/sow/year (kg)	2,390	2,401	2,400	2,428	2,415	2,438	2,683	2,704	2,711

图 3-7 AHDB 发布的年度养猪生产成绩和繁殖性能报告

（资料来源：2019 pig cost of production in selected countries，AHDB）

另外，丹麦养猪研究中心（SEGES Danish Pig Research Centre）运用养猪生产管理软件 AgroSoft 和 Cloudfarms 收集猪场养猪生产数据后，进行整理并发布丹麦猪场平均繁殖性能报告（图 3-8）。这个报告包括了母猪繁殖性能、断奶仔猪生长性能和生长育肥猪生长性能数据。其中，母猪繁殖性能具体可以查询和获取的数据包括头胎母猪的比例、产活仔数、死胎数、断奶仔猪数、泌乳天数、仔猪个体均重、仔猪断奶前死亡率、非生产天数、断奶发情间隔、返情率、分娩率、年生产胎次和 PSY 等指标。而断奶仔猪生长阶段可以获取的数据包括 7～30kg 阶段仔猪日增重、饲料转化率、死亡率等指标。生长育肥阶段的数据则包括 30～100kg 阶段日增重、饲料转化率、屠宰体重、瘦肉率和死亡率等指标。此外，报告中还对生产性能前 25％、中间 50％和后 25％的猪场繁殖性能进行比较。丹麦的猪场繁殖性能报告中展示的数据比较详细，可以清晰地了解丹麦不同猪场、不同年份和不同繁殖阶段的生产数据。

Table 2. Average production level per farm, productivity reports sows.

Period	2017	2016	2015	2014	2013	2012	2011	2010	2009	June 2008
	2017	2016	2015	2014	2013	2012	2011	2010	2009	June 2009
Farms	535	591	597	604	629	664	749	666	619	
Records for feed consumption	524	543	431	480	577	607	618	694	622	585
KPI										
Sows/year, head	791	767	742	707	680	651	640	615	579	538
Feed units per sow/year	1,472	1,470	1,474	1,507	1,506	1,523	1,538	1,543	1,529	1,520
LITTER RESULTS										
1st parity litters, %	22.7	22.6	23.5	24.6	23.7	23.9	23.9	23.5	24.7	
Born alive/litter, head	16.9	16.3	15.9	15.6	15.4	15.1	14.8	14.5	14.2	14.1
Stillborn/litter, head	1.8	1.7	1.7	1.7	1.7	1.8	1.8	1.9	1.8	
Weaned/litter, head	14.6	14.1	13.9	13.8	13.3	13.3	13.1	12.7	12.4	12.2
Lactation period, days	31	31	30	31	31	31	30	31	31	
Weaning weight, kg	6.5	6.6	6.8	6.9	7.0	7.0	7.1	7.2	7.4	7.4
Pre-weaning mortality, %	13.6	13.3	13.4	13.6	13.7	13.7	13.9	14.2	14.0	13.9
Total piglet mortality, % [*]	21.7	21.3	21.5	21.9	22.2	22.4	23.0	23.6	24.2	23.9
REPRODUCTION										
Non-productive days/litter	12.4	12.7	13.0	13.8	14.2	14.1	13.8	14.2	14.9	15.3
Weaning to first service, days	5.6	5.7	5.7	5.8	5.9	5.9	6.0	5.9	5.6	5.6
Return rate, %	4.8	5.2	5.3	5.8	6.1	6.1	6.1	6.4	6.6	6.9
Farrowing rate, %	89.2	88.6	88.1	87.2	86.6	87.0	87.3	86.7	86.4	86.0
Weaned pigs/sow/year, head	33.3	32.2	31.4	30.6	30.0	29.6	28.8	28.1	27.5	27.2
Litters/sow/year	2.28	2.27	2.27	2.26	2.26	2.25	2.26	2.25	2.24	

[*] Total piglet mortality before 2010 is based on average figures. After 2010, total piglet mortality is based on farm figures.

Table 3. Average production level per farm, productivity reports, weaned pigs.

Period	2017	2016	2015	2014	2013	2012	2011	2010	2009	June 2008
	2017	2016	2015	2014	2013	2012	2011	2010	2009	June 2009
Farms	532	541	412	325	574	565	574	637	545	576
Records for feed consumption	508	522	404	313	564	542	552	600	497	531
KPI										
Pigs produced/year, head	23,569	23,367	22,077	18,232	17,556	16,414	16,372	14,817	14,184	12,636
Daily gain, g	452	444	446	446	448	442	443	450	460	463
Standardized ADG (7-30 kg), g [1]	453	446	443	441	441	438	435	439	446	447
FCR per kg gain, FU	1.88	1.89	1.88	1.93	1.92	1.95	1.95	1.96	1.94	1.96
Standardized FCR (7-30 kg), FU per kg gain [1]	1.87	1.88	1.88	1.92	1.91	1.94	1.94	1.92	1.94	
Mortality, %	3.1	3.1	3.1	2.9	2.9	2.9	2.9	2.8	2.6	2.6
OTHER INFORMATION										
Initial weight, kg	6.7	6.7	6.8	7.0	7.1	7.1	7.2	7.3	7.5	7.4
Weight per sold pig, kg	30.6	30.8	30.8	30.9	31.0	30.6	31.1	31.4	31.4	31.7
PV per pig, DKK [2]	72	72	71	67	67	65	65	64	64	64
Index (PV per pig) [2]	112	112	111	105	104	101	101	100	100	100
PV per pig place/year, DKK [2]	472	459	457	433	436	423	418	417	427	425
Index (PV per pig place /year) [2]	111	108	108	102	103	99	98	98	101	100

图 3-8　丹麦养猪研究中心发布的年度猪场生产繁殖性能报告

（资料来源：National average productivity of danish pig farms 2017，SEGES Danish Pig Research Centre）

（四）其他

国内官方和行业协会的相关媒体报道或者公布的养猪生产数据主要是存栏数据、经济效益指标、养猪生产动态和行情波动变化，有关国内养猪生产企业的具体繁殖性能数据的报道较少，从国内畜牧媒体或者网站也只能获取少部分的种猪性能数据。自 2005 年起，《中国种猪信息网》和《猪业科学》每年组织编写《中国养猪业发展年度报告》，其中包含年度母猪和生猪存栏总量分析、国家和企业种猪测定性能和繁殖成绩、市场行情分析、进出口消费分析、原料分析、种猪性能试验和繁殖性能研究、全国公猪站分析和全国地方猪种资源场调查分析等内容，关于国内养猪业年度发展概况分析的内容比较全面，并且能够获取部分规模化猪场不同来源种猪的繁殖性能。在国家种猪测定和繁殖性能部分，可以获取近百家国家生猪核心育种场不同年度杜洛克猪、长白猪和大白猪到达 100kg 体重的日龄、背膘，以及种猪的总产仔数和产活仔数。在企业种猪测定和繁殖性能部分，可以分别获取国内企业培育不同品种和不同来源（美系、加系、法系和丹系）的种猪到达 100kg 体重的日龄、背膘，以及种猪的总产仔数和产活仔数（图 3-9）。

表 3-13　长白种猪繁殖性能

指标		总仔数（美系）	活仔数（美系）	总仔数（加系）	活仔数（加系）	总仔数（丹系）	活仔数（丹系）	总仔数（英系）	活仔数（英系）	总仔数（法系）	活仔数（法系）
2016	平均数	11.44	10.51	12.41	11.89	14.32	11.27	10.23	9.01	13.48	12.96
	标准差	0.10	0.13	0.18	0.24	0.19	0.19	0.17	0.20	0.10	0.23
	变异系数	1.01%	1.51%	1.50%	2.24%	1.59%	1.7%	1.35%	1.42%	1.27%	1.38%
2017	平均数	12.90	12.60	13.47	12.91	11.35	10.23	9.53	13.45	13.45	12.43
	标准差	0.143	0.171	0.094	0.262	0.096	0.119	0.21	0.23	0.203	1.221
	变异系数	1.52%	2.00%	0.7%	2.46%	0.79%	1.08%	1.24%	1.32%	0.56%	0.72%
2018	平均数	10.95	9.85	13.32	12.23	16.33	14.22	11.32	10.20	12.23	11.30
	标准差	0.125	0.163	0.094	0.130	0.125	0.361	0.245	0.300	0.30	0.13
	变异系数	1.31%	1.90%	0.77%	1.20%	1.00%	1.17%	1.42%	0.52%	0.46%	0.38%
2019	平均数	11.96	11.11	14.37	12.70	13.31	11.59	11.84	11.52	10.43	9.07
	标准差	0.39	0.50	1.28	1.07	0.74	0.56	0.89	6.65	5.42	4.72
	变异系数	3.29%	4.51%	8.41%	5.53%	4.85%	7.51%	5.62%	51.96%	9.23%	4.72%

3-14　大白种猪繁殖性能

指标		总仔数（美系）	活仔数（美系）	总仔数（加系）	活仔数（加系）	总仔数（丹系）	活仔数（丹系）	总仔数（英系）	活仔数（英系）	总仔数（法系）	活仔数（法系）
2016	平均数	10.62	7.90	15.33	13.49	11.49	10.67	10.89	10.20	14.48	12.78
	标准差	0.10	0.13	0.18	0.24	0.19	0.19	0.17	0.13	0.21	0.15
	变异系数	1.01%	1.51%	1.50%	2.24%	1.59%	1.74%	1.31%	1.21%	1.57%	1.46%
2017	平均数	12.31	11.85	14.92	13.44	15.32	13.20	10.96	10.56	14.35	12.81
	标准差	0.143	0.171	0.094	0.262	0.096	0.119	0.231	0.145	0.213	0.261
	变异系数	1.52%	2.00%	0.79%	2.46%	0.79%	1.08%	1.52%	1.23%	2.37%	1.57%
2018	平均数	10.44	9.49	14.33	13.03	17.62	15.08	11.00	10.23	15.79	14.29
	标准差	0.125	0.163	0.094	0.130	0.125	0.132	0.147	0.123	0.126	0.218
	变异系数	1.31%	1.90%	0.77%	1.20%	1.00%	1.17%	1.23%	1.54%	1.32%	2.15%
2019	平均数	11.70	10.90	15.20	13.33	14.06	12.50	11.15	10.73	14.98	13.24
	标准差	0.29	0.25	0.50	0.38	0.54	0.52	0.31	0.27	0.69	0.73
	变异系数	2.48%	2.30%	2.87%	2.86%	4.16%	2.78%	2.52%	2.52%	4.63%	5.48%

图 3-9　中国养猪业发展报告展示的种猪性能数据
（资料来源：2019 年中国养猪业发展年度报告）

二、猪场管理软件信息平台

为了方便生产管理，规模化猪场通常会使用生产管理软件记录生产中的相关数据，并定期生成相关报表。常见的猪场管理软件包括美国的 Pigchamp、Herdsman 以及国内的 KFNets 等。此外，还有一些新开发的数据服务平台，如微猪科技就是一款基于微信平台的猪场信息管理系统。

（一）Pigchamp

Pigchamp 是 20 世纪 80 年代由明尼苏达州立大学兽医院开发的一款猪场管理软件，用于养猪数据记录和分析。在软件的繁殖管理程序模块，根据猪场收集的原始数据，可以生成猪繁殖各阶段事件的几十项数据报告，为猪场生产提供决策支持。Pigchamp 从 2000 年起每年会发布世界各个地区猪场性能数据的比较，并以 *Benchmarking* 杂志公开发行。例如，在其发布的 2020 年美国基础性能数据总结报告中（图 3-10），统计了全年以及各季度猪场母猪产仔和断奶性能数据，包括总产仔数、产活仔数、每头母猪每年产活仔数、死胎数、断奶窝重和断奶仔猪数；也统计了猪场群体繁殖性能数据，包括分娩率、仔猪断奶前死亡率、母猪死亡率、母猪淘汰率和 PSY。

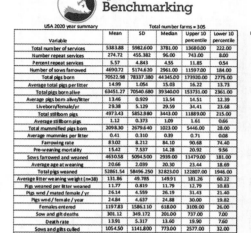

图 3-10　Pigchamp 发布的猪场对标生产性能数据

（二）Herdsman

Herdsman 是美国 S&S Programming 软件公司开发的一款主要用于种猪育种分析的软件，目前已经有汉化版并被国内许多育种公司使用，也可用于猪场生产管理。在该软件主页面，有数据输入、报表、猪数据维护、数据搜寻、数据管理、遗传、设置、客户共 8 个模块。Herdsman 能将猪场核心群、扩繁群和商品群种猪的数据进行分析评估，并用于指导生产和进行遗传改良。Herdsman 包含母猪繁殖阶段的配种、妊检、分娩、断奶、死淘数据和生长育肥阶段的生长性能数据（图 3-11），以及猪群、配种、分娩、管理和遗传 5 类报表。

猪群报表中包括生长性能报表、存栏繁殖母猪报表（繁殖母猪系谱、未配种后备母猪、已配种母猪、繁殖母猪状态等数据报表）、存栏公猪报表（公猪系谱、状态、种群公猪和离场等数据报表）、培育猪报表（培育猪系谱、状态和离场等数据报表）、生产报表（猪存栏、繁殖母猪历史记录、公猪缺陷和培育猪淘汰等数据报表）；配种报表中包括母猪配种明细、繁殖母猪返情、断奶到配种间隔天数、平均受胎率、平均产仔率、公猪受胎率和使用情况等数据；分娩报表中包括产仔明细、分娩效率、公猪产仔总结等数据；管理报表中包含

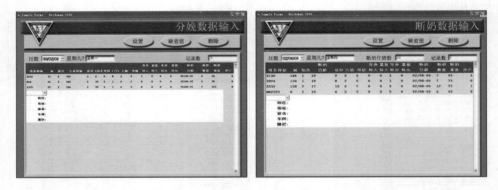

图 3-11　Herdsman 生产管理软件分娩和断奶数据输入界面

分娩率、胎次总结、仔猪断奶前死亡率和整个猪场生产情况总结等数据报表；月度生产分析报表中会详细展示母猪群个体和群体繁殖性能及月度对比，从而反映不同月度母猪生产性能的变化。图 3-12 展示了报表模块中部分母猪、公猪和生长育肥猪的相关报表。

图 3-12　Herdsman 生产管理软件中的母猪、公猪和生长育肥猪相关报表

（三）KFNets 管理信息系统

KFNets 管理信息系统是集猪场育种、生产管理、购销存管理和财务核算的猪场管理软件。主要功能模块包括猪场各阶段猪生产事件数据录入、不同阶段猪群的统计报告、种猪遗传进展的育种分析、猪场生产计划和系统设置。

数据录入模块包含公猪事件（包括后备公猪体貌评估、后备公猪调教、公猪采精、公猪精液配置以及公猪购买、转出、转入、入群、死亡、销售和饲喂方案 11 项记录）、母猪事件（包括后备母猪发情及诱情、后备母猪体貌评估、后备母猪进群、母猪配种、发情妊检、流产、分娩、哺乳仔猪寄养、哺乳仔猪死亡淘汰、母猪断奶、母猪体况评分、购买、转入、死淘等 20 项记录）和仔猪育肥猪事件（包括仔猪育肥猪购买、转入、转出、死淘、销售和发育监测等 8 项记录）数据的录入（图 3-13）。

图 3-13　KFNets 管理信息系统公猪和母猪事件数据录入界面

统计报告模板主要是对生产进行概述，包括当前存栏情况（如种用母猪、后备母猪、种用公猪、肉猪存栏）、本周关注目标（如可配种母猪、可断奶母猪、待转仔猪、可出栏大猪）和生产仪表盘（如窝产活仔数、分娩率、断奶前成活率、保育期成活率和生长育肥成活率）（图 3-14）。其中，生产仪表盘还能够显示近 12 周的主要生产数据，可视化图表清晰明了，方便初步了解猪场生产性能。

公猪报告主要展示公猪期末存栏结构表（统计公猪存栏头数和日龄分布）、公猪群存栏变动汇总表（统计公猪饲养日头数、平均存栏和成活率）、公猪使用情况报表（统计公猪群体采精次数、平均使用间隔、使用次数比例和平均使用日龄）、公猪性能报告（统计公猪群体的采精、精液品质、配种和分娩情况）、公猪免疫监督检测报表、公猪配种受胎情况明细列表（统计公猪配种数据和配种后母猪生产性能）、公猪死淘原因报表（统计公猪死淘原因和占比情况）和公猪事件列表（统计公猪所发生的全部事件）（图 3-15）。

母猪群报告是一定时间段内母猪配种、分娩和哺乳仔猪损失、断奶、存栏

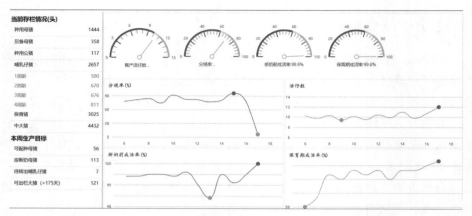

图 3-14　KFNets 管理信息系统统计报告首页生产概述

图 3-15　KFNets 管理信息系统公猪性能报告

等事件的汇总以及生产性能变化的综合报告，也包含单头母猪的繁殖明细数据（图 3-16）。通过后备母猪培育综合报告可以查询后备母猪选留头数、选留平均日龄、死亡头数、淘汰头数、腹泻阳性头数、首次发情时间段头数、首次发情日龄、首次配种日龄、体重和背膘厚等指标（图 3-17）。

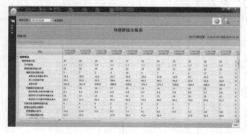

图 3-16　KFNets 管理信息系统母猪综合报表和繁殖明细表

图 3-17　KFNets 管理信息系统后备母猪培育报表数据

(四) 微猪科技

微猪科技是基于微信平台开发的一款猪场信息管理系统，用户只需要使用微信，就可以使用软件现有的所有功能，同时也提供电脑客户端。该系统主要包括日常录入、猪场建设、种猪信息管理、分析等模块。录入模块中包括繁殖记录（包括母猪配种、母猪妊检、母猪分娩、乳猪寄养、乳猪死淘、母猪断奶、公猪采精、种猪死淘、种猪销售、种猪转舍、种猪体况、后备猪发情、种猪进群、种猪转出和种猪转入 15 项记录）、商品猪记录（包括肉猪转舍、肉猪死淘、肉猪销售、肉猪购买、场间转出、场间转入和肉猪盘点 7 项记录）、育种记录（包括窝选记录、始测记录、结测记录、遗传缺陷和转为后备 5 项记录）和其他记录（包括猪群饲喂、种猪免疫和肉猪免疫 3 项记录）（图 3-18）。

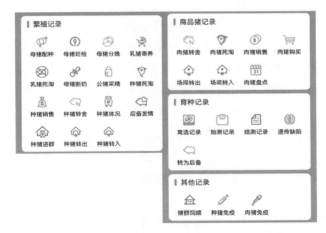

图 3-18　微猪科技信息平台的数据录入清单

此外，在分析模块中，跟繁殖相关的有 5 周妊娠率、配种分娩率、窝均活仔数、年生产胎次、PSY 和非生产天数等指标（图 3-19）。

图 3-19   微猪科技繁殖综合汇总数据清单

（五）其他信息平台

国外部分种猪公司也会定期公布种猪繁殖性能。例如，荷兰 Topigs Norsvin 种猪公司 2020 年发布了该公司的种猪在加拿大 100 个猪场的性能表现数据，其中包括产活仔数、断奶仔猪数和 PSY 数据，可以通过种猪公司的官方网站及时获取相关数据。

除了种猪公司外，还有养猪数据公司也会不定期公布养猪生产数据。美国养猪数据公司 MetaFarms 发布的 2019 年母猪场生产性能指标分析报告中，收集了 2017—2019 年美国、加拿大、新西兰、菲律宾和澳大利亚的 400 多个母猪养殖场繁殖性能数据，统计母猪数量超过 110 万头，统计分析的数据指标如图 3-20 所示。主要包括母猪年生产力指标 PSY、年生产胎次、非生产天数；群体生产指标包括 7d 断配率、复配率、断奶至首次配种间隔、流产率、分娩率和母猪年淘汰率；而个体生产指标包括总产仔数、产活仔数、死胎数、木乃伊数、平均分娩间隔天数、断奶仔猪、泌乳天数等。此外，统计分析数据还包括母猪终生提供的断奶仔猪数。

综上所述，从种猪生产大数据获取的渠道来看，通过国内官方、行业协会和相关畜牧媒体网站能够查询和获取的数据主要是基于国内生猪养殖产业动态和行业发展的、与养猪生产经济效益相关的数据指标，以及国内部分育种企业种猪测定的繁殖性能数据。而国外相关农业组织机构和养猪研究协会除了定期发布养殖成本明细、猪价行情等经济效益数据外，同时也会发布不同国家和地

MetaFarms PRODUCTION INDEX

Year over Year Comparison of Sow Farm Performance (2017-2019) (Table 2)

	2017	2018	2019
Pigs weaned / mated female / yr (PWMFY)	25.8	26.2	26.7
Pigs weaned / mated female / yr (PWMFY)-v1	25.9	27.0	27.3
Pigs weaned / mated female / yr (PWMFY)-v2	24.6	25.6	26.0
Litters / mated female / yr (LMFY)	2.34	2.30	2.31
Pigs weaned / farrowing space / yr (PWCY)	145	147	152
Total Productivity Index™ (mated)	49.6	50.2	51.1
Non-Productive days (w/o gilt pool)	48.7	51.3	49.8
% weaned sows served < 7 days	87.3%	87.3%	87.9%
% Repeats	10.1%	7.6%	7.3%
% multiple matings	90.2%	90.4%	88.8%
Matings/service	2.00	1.99	1.96
Wean-1st service interval	6.8	6.9	6.8
% Aborted	4.2%	4.3%	4.1%
% Pregnant at day 35	91.8%	92.1%	92.2%
% Pregnant at day 72	88.8%	88.9%	89.1%
% Pregnant at day 105	87.1%	87.2%	87.3%
Farrowing rate	84.5%	84.3%	84.4%
Average total born	14.2	14.2	14.4
Average born dead	1.27	1.41	1.40
Birth loss %	9.0%	9.8%	9.6%
Average Stillborn	0.90	0.97	1.01
Stillborn %	6.4%	6.7%	6.9%
Average Mummified	0.40	0.44	0.40
Mummified %	2.8%	3.0%	2.7%
Average live born	12.9	13.0	13.2
Average farrowing interval	146	147	146
Pre-wean mortality %	13.1%	13.3%	13.5%
Pigs weaned / sow	10.81	10.89	11.00
Pigs weaned/sow farrowed	11.01	11.11	11.26
Pigs weaned/sow > 0 piglets	11.38	11.47	11.58
Average wean age	20.0	20.0	20.1
Pigs weaned per sow lifetime	39.2	38.6	40.9
Average mated female inventory	2,230	2,404	2,539
Herd parity (w/o gilt pool)	2.7	2.7	2.7
Sow culling %	45.8%	42.9%	43.5%
Death & euthanized rate %	11.1%	11.8%	12.5%
Average gilt arrival age (days)	233	213	226
Entry - 1st service interval	23.0	23.7	25.3

MetaFarms PRODUCTION INDEX

Sow Performance by Country (2018 & 2019) (Table 3)

	Canada		USA	
	2018	2019	2018	2019
Pigs weaned / mated female / yr (PWMFY)	25.6	25.6	26.6	26.8
Pigs weaned / mated female / yr (PWMFY)-v1	26.5	26.6	27.4	27.5
Pigs weaned / mated female / yr (PWMFY)-v2	25.2	25.3	26.0	26.1
Litters / mated female / yr (LMFY)	2.35	2.32	2.30	2.31
Pigs weaned / farrowing space / yr (PWCY)	148	144	150	153
Total Productivity Index™ (mated)	49.3	49.1	50.8	51.3
Non-Productive days (w/o gilt pool)	43.2	48.1	53.5	50.1
Average farrowing interval	145	146	147	146
Pigs weaned per lifetime per female	45.3	44.7	38.2	40.3
Weaned sows bred < 7 days	90.1%	88.7%	86.6%	87.8%
% Repeats	7.7%	6.9%	7.8%	7.0%
% Gilts	18.3%	17.3%	17.1%	17.6%
% Multiple matings	87.7%	88.1%	93.0%	88.9%
Mating / service	1.91	1.91	2.02	1.97
Wean-1st service	6.5	6.1	7.1	6.8
% Aborted	3.3%	4.3%	4.4%	4.1%
% Pregnant at day 35	91.6%	91.0%	92.1%	92.4%
% Pregnant at day 72	88.6%	87.8%	89.0%	89.3%
% Pregnant at day 105	87.2%	85.9%	87.1%	87.5%
Farrowing rate	85.0%	83.2%	83.9%	84.5%
Average total born	14.0	14.1	14.4	14.6
Average live born	12.7	12.8	13.2	13.2
Average born dead	1.26	1.30	1.47	1.43
Birth loss %	9.0%	9.2%	10.0%	9.7%
Average Stillborn	0.89	0.92	1.00	1.02
Stillborn %	6.4%	6.5%	6.9%	7.0%
Average Mummified	0.37	0.38	0.47	0.40
Mummified %	2.6%	2.7%	3.4%	2.7%
Pre-wean mortality %	14.7%	14.4%	13.2%	13.3%
Pigs weaned / sow	10.72	10.78	11.03	11.04
Pigs weaned / sow farrowed	10.92	10.93	11.24	11.30
Pigs weaned / sows weaned > 0 piglets	11.25	11.13	11.43	11.61
Average wean age	20.7	20.9	19.6	20.0
Herd parity (w/o gilt pool)	2.8	2.8	2.9	2.9
Culling rate %	46.1%	41.8%	42.7%	43.8%
Average cull parity	4.5	4.5	4.5	4.7
Death & euthanized rate %	11.4%	13.1%	12.2%	12.4%
Removal rate %	58.6%	56.2%	55.8%	58.2%
Replacement rate %	53.2%	52.6%	56.1%	56.7%
Average gilt arrival age (days)	300	206	226	233
Entry - 1st service interval	30.5	30.9	31.3	28.5

图 3-20　MetaFarms 发布的 2019 年母猪场生产性能指标分析报告
（资料来源：MetaFarms，2019）

区养猪生产中关键的性能数据指标。通过成本和生产性能指标对比，能够看到国内外养猪生产水平的差异。而国内外部分养殖企业、猪场管理软件信息平台和养猪数据分析公司也会通过猪场数据的收集、整理和分析，产生海量的生产数据指标，这些数据涉及种猪生产的各个阶段，数据非常详细和具体。虽然不同管理软件平台的使用人员和功能侧重点不同，但是种猪生产关键性能指标都大致相同。丹麦养猪研究中心、MetaFarms、Pigcham 和微猪科技对于猪场关键性能指标主要分为仔猪单窝性能（包括产活仔数、断奶仔猪数、断奶个体均重和仔猪断奶前死亡率等指标）和母猪群体性能（包括非生产天数、断奶到首次配种时间、返情率、分娩率、PSY 和年生产胎次等指标），而 MetaFarms 公司还增加了母猪终生繁殖性能指标（终生提供的断奶仔猪数）。这些种猪生产大数据对于猪场生产对标和指导具有重要意义。

第二节　种猪生产数据的采集和记录

种猪数据产生于种猪生产的全繁殖周期，可以根据生产的不同阶段和分析目标进行采集和记录。在数据采集和记录过程中，需要遵循一定的规范，并按照相应的采集和记录方式，保证数据真实有效，以便在后续分析中能够得出准确的结论并对生产进行正确指导。

一、种猪生产数据采集和记录规范

一线生产或统计员在猪舍中使用数据记录表把生产活动记录下来，数据庞大而复杂，为了确保所采集和记录的数据能够真实、客观和全面反映生产实际情况，在数据采集和记录过程中应当遵循真实性、及时性和全面性三个原则。

（一）真实性

真实性原则是指数据记录应当以实际的生产活动为依据，如实反映生产性能的各个指标。一线生产数据采集通常使用纸质记录表，在现场记录生产数据，可以确保数据真实可信；在采集和记录数据时须书写清晰，尽量不要出现似是而非的数字或者字母，避免导致后续数据录入出现错误。此外，在数据收集和记录的过程中需要适当地抽查和盘点，明确数据收集的责任人和监督人。例如，猪场负责人定期或者不定期进行现场盘点，抽查现场生产人员数据填写的真实性。原始数据录入系统也是对数据真实性进行检查的过程，需要有敏锐的判断力和责任心，及时发现不合理和错误数据。监督人也可以借助一些工具软件，如 excel 或者数据软件，设置符合逻辑的函数，当录入的数据出现异常时，excel 表格或者数据软件就会自动报错或者预警，具有一定的自动监督数据真实性的作用。

（二）及时性

养猪生产是一个动态和持续循环的过程，及时进行数据采集和记录是为了保证记录信息的时效性，有利于及时分析生产数据和调整决策。及时性包括两个方面：一是数据采集和记录应当在规定时间内完成，不得拖延；二是数据处理的结果应当在数据记录结束后按规定的日期报送有关部门。例如，母猪背膘测定后应及时记录并提交，分析背膘的动态变化后及时反馈给生产部门并对下一阶段母猪的饲喂程序做出调整，否则错过时间只能等到母猪下个繁殖周期。而且及时采集和记录数据也是加强数据真实性的一种方法，如母猪分娩后应及时采集和记录产仔数据，如果延后则有可能因为仔猪调栏而导致产仔数据不准确。在 KFnets 管理信息系统数据录入模块中，能够显示猪场各生产事件数据最后的录入时间，以及一段时间内系统的登录使用频率情况，以此能够及时对猪场数据做出分析和预警。

（三）全面性

全面性是指在数据采集和记录过程中，全面完整的数据有利于分析和查找猪场生产中的问题。这就意味着在数据收集前要有明确的目标，收集指标要能够完全反映分析研究的目的，在收集过程中和收集完成后要有系统的检查机制以确定收集的数据是否完整。例如，在分析影响母猪产仔数的因素中，不仅要考虑母猪遗传、环境、饲养管理和疾病等因素，还需要考虑与配公猪的因素，这样才能在分析的时候得到更全面的信息。

二、种猪生产数据记录内容和表格设计

（一）记录内容

种猪生产数据分为母猪数据和公猪数据两大类，母猪繁殖阶段主要包括配种、妊娠、分娩、泌乳、断奶、断奶发情再配、死淘等数据；公猪繁殖阶段主要包括引种、调教、采精、淘汰和死亡等数据。应根据猪的不同繁殖阶段来采集和记录生产数据。

种猪生产数据记录内容取决于分析目标和影响因素。例如，以反映母猪年生产力指标 PSY 为分析目标，不仅要收集与 PSY 直接相关的产仔性能和断奶性能数据，还需要考虑母猪遗传因素（如品种和品系）、疾病因素（如是否有疾病和疾病种类）、环境因素（如环境温度和湿度）、胎次因素、饲养管理因素（如配怀舍和产房管理水平情况）、体况因素（如母猪分娩前背膘）和公猪因素（如公猪的精液品质和血统）。因此，在数据采集和记录过程中，需要收集母猪和公猪档案信息、配种信息、分娩信息、断奶信息和淘汰信息等内容。

母猪档案信息应该主要包括母猪耳号、品种、品系、来源场和初情初配相关基础数据；配种信息应该主要包括母猪耳号、品种、品系、胎次、与配公猪、妊检时间和结果、配种和妊娠各阶段背膘厚以及配种员等相关数据；分娩信息应该主要包括总产仔数、产活仔数、弱仔数、死胎数、初生窝重和均重、断奶仔猪数、断奶窝重和均重等相关数据；断奶信息应该主要包括断奶批次、断奶窝数、断奶批次重量、断奶窝重和均重等数据；公猪档案信息应该主要包括公猪品种、品系、出生日期、首次采精日期和公猪系谱等数据；公猪精液品质信息应该主要包括采精日期、射精量、精子密度、精子活力、精子畸形率、总精子数、有效精子数、分装瓶数和是否合格等数据；淘汰信息应该主要包括母猪和公猪的淘汰胎次、月龄、淘汰日期、淘汰重量和淘汰原因等数据。

（二）表格设计

种猪生产记录表格如表 3-1 至表 3-7 所示。在现场生产条件允许的情况下，应按照设计的表格进行数据采集和记录。

表 3-1　母猪档案记录表

公司名称	所属片区	猪场名称	个体耳号	品种/组合	品系	栏号	来源场	父亲耳号	母亲耳号	出生日期	初情日龄	初配日龄	猪只类型	已产胎次

表 3-2　配种记录表

公司名称	所属片区	猪场名称	个体耳号	品种/组合	品系	栏号	当前胎次	配种日期	配种状态	批次编号	首配公猪	二配公猪	妊娠评分	妊娠结果	配种时背膘	妊娠30 d背膘	妊娠60 d背膘	妊娠109 d背膘	预产期	配种员	饲养员	备注

表 3-3　分娩记录表

公司名称	所属片区	猪场名称	个体耳号	品种/组合	品系	栏舍号	当前胎次	批次编号	分娩日期	总产仔数	产活仔数	死胎数	弱仔数	木乃伊数	畸形数	初生个体均重	初生窝重	饲养员	备注

表 3-4　批次断奶记录表

公司名称	所属片区	猪场名称	断奶批次号	开始时间	结束时间	仔猪转入重量	仔猪转入数量	仔猪转入窝均重	仔猪转入个体均重	断奶日期	断奶窝重	断奶窝数	仔猪转出出重量	仔猪转出个体均重	仔猪转出窝均重

表 3-5　公猪档案记录表

公司名称	所属片区	猪场名称	个体号	品种	品系	公猪等级	栏舍号	来源场	100kg体重日龄	出生日期	首次采精日期	系谱信息													
												父亲耳号	祖父耳号	曾祖父耳号	曾祖母耳号	外曾祖父耳号	外曾祖母耳号	母亲耳号	外祖父耳号	外祖母耳号	外曾祖父耳号	外曾祖母耳号	外祖母耳号	外曾祖父耳号	外曾祖母耳号

表 3-6　公猪精液品质记录表

公司名称	所属片区	公猪站名称	个体耳号	品种	品系	当前月龄	采精日期	射精量	精子密度	精子活力	精子畸形率	总精子数	有效精子数	分装瓶数	是否合格	不合格原因	猪舍温度	采精员

表 3-7　淘汰记录表

公司名称	所属片区	猪场名称	个体耳号	品种/组合	品系	当前胎次	猪只状态	品种/组合	品系	胎次/月龄	淘汰日期	淘汰重量	淘汰原因

三、种猪生产数据采集和记录方式

猪场数据采集和记录过程主要是一线员工根据报表格式采集现场数据，定期上报后由专人审核并录入猪场管理软件系统。国内养猪企业生产数据的采集和记录主要通过人工手写采集，然后录入电子记录或者猪场管理软件中。随着科技的进步，数据采集系统正朝着超高速、多功能和智能化方向发展，机器人和传感器有望应用于猪场生产数据的采集。

带有射频识别的电子耳标通常用于母猪饲喂系统，可以在每次喂食时识别单头母猪的采食量和采食行为，与饲喂软件系统相连后可以自动录入电脑中进行储存。PigWatch 是一种自动化人工授精管理系统，由安装在饲养区隔间顶部的运动传感器、数据分析模块和软件用户界面组成，旨在预测最近断奶母猪的最佳授精时间。运动传感器通过连续、无障碍监测和评估母猪的行为活动，来确定最佳授精时间。

Chapter 4

第四章

种猪生产大数据的预处理

种猪生产数据符合大数据的所有特征，其数据量庞大而复杂，也存在残缺、虚假和错误的数据。要想获得高质量的数据分析结果，就必须在数据采集后对数据进行预处理。数据预处理是数据分析过程中既必不可少，又非常耗时的一个环节，通过数据预处理，可以将纷繁复杂、毫无规律的数据转化为单一且便于处理的数据类型，为后续深度分析提高准确率和效率。

第一节　种猪生产数据质量控制

高质量的数据是分析的基础。数据的质量问题可能发生在大数据分析处理流程的每一个阶段。数据采集阶段、数据整合阶段、数据分析阶段，以及在可视化等任何一个环节出现问题，都会对数据的质量产生影响。

一、影响数据质量的因素

（一）数据采集

在数据采集阶段造成数据质量问题的主要因素是数据来源和数据录入。根据第三章内容所述，种猪生产数据的来源包括官方和行业协会、猪场管理软件信息平台等。其中，来源于官方和行业协会的数据，一般经过反复核对检验后，数据真实性比较可靠；而来源于猪场管理软件信息平台的数据，是由企业职员录入，可能会出现录入操作错误、对原始数据的曲解及篡改、对未记录的数据进行杜撰等，这些都会影响数据的质量。

（二）数据整合

将多个数据源的数据整合并入一个大的数据集是大数据分析中最常见的操作方法。在数据整合阶段，需要解决不同数据源之间的不一致性或冲突问题，比较容易产生数据错误。例如，在分析母猪终身繁殖性能时，需要将档案信息表、母猪配种信息表、生产信息表、淘汰信息表等整合到一起，如果信息不能匹配或存在数据信息重叠，则需要剔除这些与分析无关的数据记录。

（三）数据分析

数据整合之后，需要进行数据分析。数据分析时要根据数据的类型，即结构化数据、半结构化数据或非结构化数据等进行数据分类整理。特别是非结构化数据需要赋值，如母猪是否分娩，是则赋值为"1"，否则赋值为"0"。但赋值时可能因主观因素而影响数据分析的准确性，如视角差异会对图片数据的分析造成影响。

　　建立适宜的统计分析模型是养猪生产数据分析的关键。建模的过程就是要根据拟分析的关键性状（因变量）及影响性状关键因素（自变量）的特点，结合数据类型的特征，来建立适宜的数据分析模型。例如，分析母猪的胎次对产仔性能的影响，可以采用一般线性回归分析。但是针对生产中复杂性状的分析如分析健仔数的影响因素，就要考虑品种或杂交组合、与配公猪、母猪的胎次、季节、猪舍类型以及妊娠母猪的背膘等的影响，这时就要采用多元线性回归模型分析。此外，如果因变量是分类变量，如分析影响分娩率的因素，因变量分娩率取值仅有分娩与未分娩两种情况，而自变量（品种、遗传背景）的赋值可能有多个，这时可能就要采用 Logistic 回归分析，明确分娩是否发生的概率。

（四）可视化

　　数据可视化是指将大数据分析与预测结果以计算机图形或图像的直观方式显示给用户，并可与用户进行交互式处理的过程。这个过程中的质量问题相对较少，但是选择何种展现形式来体现数据分析的价值却是十分关键。主要存在的问题是数据表达的质量不高，展示数据的图表不容易理解。

　　图表可以将枯燥的信息和数据转化为直观的、给人印象深刻且有意义的图形，以达到数据信息的可视化。例如，国家统计局对每年肉产品产量的统计用柱状图、趋势图以及数据显示相结合的方式呈现（图 4-1），可以清楚地了解

图 4-1　2016—2020 年我国肉类产量

（资料来源：国家统计局）

我国肉类产品近 5 年的产量和变化；又如在分析淘汰母猪不同胎次的淘汰比例问题时，采用饼图可以清楚地反映各个胎次占比的情况（图 4-2）。

此外，需要注意一些图表标识可能出现错误，如将单位"周"误写为"天"等，这会引起数据质量问题。

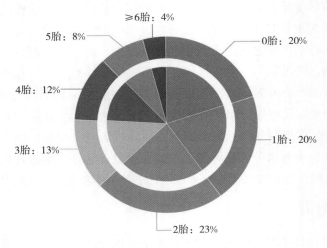

图 4-2　淘汰母猪不同胎次的淘汰比例

二、评估数据质量的标准

数据质量是保证数据应用的基础，其评估标准主要包括五个方面，即真实性、准确性、完整性、一致性和及时性（图 4-3）。通过这些标准可以评估数据是否达到预期设定的质量要求。

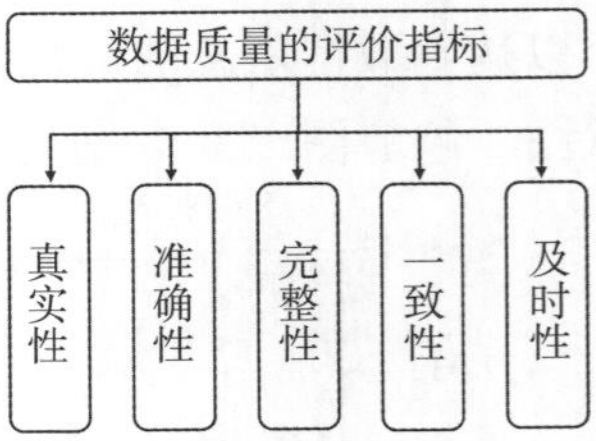

数据质量的评价指标

真实性　准确性　完整性　一致性　及时性

图 4-3　数据质量的评价标准框架

（一）真实性

数据的真实性又称为数据的正确性（rightness），是指数据记录应当以实际为依据，如实反映生产性能的各个指标。为了保证数据的真实性和客观性，需要在数据收集和记录的过程中有明确的规章制度、科学合理的流程、适当的抽查和盘点，明确数据收集的责任人和监督人，并且及时发现和解决问题。数据记录人员必须根据审核无误的原始记录，采用特定的方法进行记录、计算、分析，以保证所提供的数据信息内容完整、真实可靠。

（二）准确性

数据的准确性反映数据记录的信息是否存在异常或错误，也指数据的真实性、可靠性和可以鉴别的程度，如数据集中指标值与真实值之间的差异是在合理范围之内的。例如，对仔猪初生重的记录值为"5kg"，这就不在合理范围内，数据不准确。

数据的准确性需要通过与一个权威的参考数据源进行比较来体现。比较的方式可以是调查或检验，如仔猪的性别只能是公或母；母猪断奶发情间隔的值不会出现负值。

数据的准确性可能存在于个别记录，也可能存在于整个数量级，如对公猪射精量的记录为"1 020mL"，这就偏离正常的数量级范围"$10^1 \sim 10^2$ mL"。这类错误可以使用较大值和最小值的统计量去审核。因此，在有数据源参考的情况下，数据的准确性容易测量，特别是种猪生产中的数据基本都有一个标准范围。

从种猪生产数据来讲，一般连续性数据如日增重，是符合正态分布的规律，这也可以作为判断数据准确性的依据。对于非连续性数据如公猪射精量、精子密度等指标，经过对数转化为连续性数据后符合正态分布，则可以进行数据统计（表4-1）。

如果数据异常并不显著，但依然存在错误，则需要借助一些数据分析工具进行检查。

表 4-1　精液品质数据正态性分析

项目	最大值	最小值	平均值	标准误	P 值	正态性
射精量（mL）						
原始数据	484.00	91.00	224.29	3.53	<0.05	否
对数转化	2.69	1.96	2.33	0.01	0.32	是
精子密度（$\times 10^6$个/mL）						
原始数据	620.50	87.25	310.75	4.15	<0.05	否
平方根转化	24.91	9.34	17.45	0.11	0.20	是

（三）完整性

数据的完整性反映数据信息是否存在缺失，是数据质量的一项基础评估标准。数据缺失的情况可能是整个数据的记录缺失，也可能是数据中某个字段信息的记录缺失。不完整的数据其借鉴价值会大大降低。

数据质量的完整性一般可以通过数据统计中的记录数据值进行评估。例如，在母猪配种信息数据集中，与配公猪的信息缺乏，导致无法分析与配公猪这条记录，应将其剔除；又如，在记录死胎数据时，如果进一步记录了黑死胎（一般认为是妊娠 60～90d 死亡的胚胎）和白死胎（一般认为是妊娠 90d 后和分娩过程中死亡的胚胎）的数据，就可以分析死胎的发生时间和发生原因，但如果只记录了死胎的数据，则无法进行发生原因的分析。

（四）一致性

数据的一致性反映关联数据之间的逻辑关系是否正确和完整。在数据库中，数据的一致性是指数据是否遵循了统一的规范，数据集是否保持了统一的格式，以及数据是否符合逻辑。导致一致性问题的原因可能是数据记录的规则不一，但不一定存在错误；还有就是数值异常，包括异常大或者异常小的数值、不符合有效性要求的数值等。而准确性问题是指数据记录存在错误，如字符型数据的乱码现象。

数据之间关联的逻辑关系对判断数据的一致性十分关键。例如，在表 4-2 中，总产仔数为 11～14 头，产活仔数为 11～12 头，且产活仔数≤总产仔数，从准确性来讲是合理的。但在表 4-3 中，耳号 A043 这头母猪的断奶仔猪数为 12 头，高于其在表 4-2 中的产活仔数 11 头，明显不符合逻辑，不满足一致性的原则，说明这条数据有误。分析原因，可能是耳号 A043 这头母猪的产活仔数或断奶仔猪数的记录有误，需要查找原始记录，这样才能保证 2 个表之间有正确的逻辑关系。

表 4-2　母猪的产仔信息

耳号	胎次	总产仔数（头）	产活仔数（头）	初生重（kg）
A011	2	12	12	1.42
A043	3	13	11	1.40
A082	2	13	11	1.38
A083	3	14	12	1.45
A088	3	11	11	1.51

表 4-3　母猪的断奶信息

耳号	胎次	断奶仔猪数（头）	断奶重（kg）	断奶日龄（d）
A011	2	11	6.50	21
A043	3	12	5.80	20

（续）

耳号	胎次	断奶仔猪数（头）	断奶重（kg）	断奶日龄（d）
A082	2	10	6.35	22
A083	3	11	6.10	21
A088	3	11	6.25	21

（五）及时性

数据的及时性反映数据从产生到可以查看的时间间隔，也叫数据的延时时长，表示数据世界与客观世界的同步程度。数据的及时性主要与数据的同步和处理效率相关。及时性对于数据分析本身要求并不高，但如果数据分析周期及数据建立的时间过长，就可能导致分析结果失去借鉴意义。在种猪生产中，对数据的及时性没有特殊要求，但由于一般生产性能的改变存在时间效应，如饲料配方的变化、生产模式的改变等需要一定的时间才能出现效果。

第二节　种猪生产数据预处理方法

数据预处理是大数据处理流程中必不可少的关键步骤，更是进行数据分析和数据挖掘前必不可少的重要工作。由于种猪生产的原始数据比较散乱，一般不符合数据分析和数据挖掘所要求的规范和标准，因此必须对这些原始数据进行预处理，以改进数据质量，并提高数据挖掘过程的效率、精度和准确性。

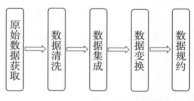

图 4-4　数据预处理的流程

一般情况下，数据预处理的流程如图 4-4 所示。

一、数据清洗

数据清洗（data cleaning）是对数据进行重新审查和校验的过程，目的在于删除重复信息、纠正错误，从而保持数据的一致性。在实际操作中，数据清洗通常会占据分析过程 50%～80% 的时间。数据清洗的质量直接关系到模型使用的效果和分析得到的最终结论。

（一）数据清洗的原理

数据清洗的原理是利用有关技术如数理统计、数据挖掘或预定义的清理规则，将脏数据转化为满足数据质量要求的数据（图 4-5）。

图 4-5　数据清洗原理

（二）数据清洗的方法

数据清洗的标准方法是将数据输入数据清洗处理器，通过一系列步骤"清洗"数据，包括检查一致性，处理无效值和缺失值，将不完整的数据、错误的数据、重复的数据从数据集中识别并处理，然后以期望的格式输出高质量数据。

1. 一致性检查　是根据每个变量的合理取值范围和相互关系，检查数据是否合乎要求，发现超出正常范围、逻辑上不合理或者相互矛盾的数据。例如，仔猪头数出现小数，断奶发情间隔出现负数，都应视为超出了正常值域范围。Excel、SPSS 和 SAS 等计算机软件都能够根据定义的取值范围，自动识别每个超出范围的变量值。逻辑上不一致的答案可能以多种形式出现，如产活仔数比总产仔数高。发现数据不一致时，要列出信息并记录数字、变量名称、错误类别等，便于进一步核对和纠正。

2. 无效值和缺失值的处理　由于记录、编码和录入误差，数据中可能存在一些无效值和缺失值，需要给予适当的处理。常用的处理方法有估算、整例删除和变量删除。

（1）估算　最简单的方法就是用某个变量的样本均值、中位数或众数，代替无效值和缺失值。但这种方法没有充分考虑数据中已有的信息，误差可能较大。此外，可以根据调查对象对其他问题的答案，通过变量之间的相关分析或逻辑推论进行估计。例如，母猪的产仔数与品种、胎次等信息有关，可以根据母猪的这些相关信息推算产仔数。

（2）整例删除　是指剔除含有缺失值的样本。由于生产记录存在缺失值的情况比较突出，所以整例删除可能导致有效样本量大幅减少，无法充分利用已经收集的数据。因此，整例删除只适合关键变量缺失，或者无效值和缺失值的样本比重很小的情况。

（3）变量删除　如果某一变量的无效值和缺失值很多，而且该变量对于所研究的问题不是特别重要，则可以考虑将该变量删除。这种做法减少了供分析用的变量数目，但没有改变样本量。

采用不同的处理方法可能对分析结果产生影响，尤其是当缺失值并非随机出现且变量之间明显相关时。因此，在数据记录和收集时应当尽量避免出现无效值和缺失值，以保证数据的完整性。

（三）数据清洗的主要类型

1. 残缺数据　这一类数据主要是缺失一些应该有的信息，如母猪的品系、品种/组合、胎次、产仔总数、断奶仔猪数等（图 4-6）。需要将这一类缺失的数据过滤出来，按缺失的内容分别写入不同 Excel 文件反馈给数据收集人员，并在规定的时间内补全后再次提交到数据仓库中。

耳号	组别	品系	品种/组合	胎次	109d 背膘厚	产仔总数	产活仔数	断奶仔猪数
1046-8	A	丹系	大白	3	13	14	14	12
531-9	A	丹系	大白		20		12	11
1645-2	B		大白		17	13	13	11
852-3	C	丹系	长大	3	18	11		10
318-2	C	丹系			14	13	13	12
1268-5	A		长大		12	13		
1077-4	A	美系	大白	4	15			10
300-5	B	丹系	长白	2	15	13	12	
1036-1	C		长大		14	12		11
328-2	C	丹系	长大	4	20	14	13	12
1066-7	C	丹系		3	17		7	
1165-6	C		大白		18	12		10
925-9	A	丹系	长大	4	14		16	13
380-1	A	美系		3	18	12	11	11
745-8	A		大白		19			12
1360-5	B	美系	长大	3	21	8	8	8
381-5	B		长大		14	15	14	13
1597-10	B	美系	大白	2	15	9	9	8

图 4-6　母猪性能记录缺失示例

2. 错误数据　这一类数据产生的原因是业务系统不够健全，在接收数据输入后没有进行判断而直接写入后台数据库造成，如数值数据输入成全角数字字符、字符串数据后面有一个回车操作、日期格式不正确、日期越界等。对于类似全角字符、数据前后有不可见字符的问题，需要通过结构化查询语言（structured query language，SQL）的方式找出来。SQL 是一种数据库查询和程序设计语言，用于存取数据以及查询、更新和管理关系数据库系统。SQL 也被称为"数据检索语句"，用以从表中获得数据，然后要求客户在业务系统修正之后抽取。而日期格式不正确或日期越界会导致 ETL（extract-transform-load）运行失败。ETL 是用来描述将数据从来源端经过抽取（extract）、转换（transform）、加载（load）至目的端的过程。这一类错误需要去业务系统数据库用 SQL 的方式挑出来，修正之后再抽取。

例如，在计算母猪的泌乳时间时，可以用 DateDiff、DateDiff：SQL server 函数，用来决定两个日期之间所指定的时间间隔。

语法：DATEDIFF（datepart，startdate，enddate）。

断奶的时间（enddate"2020-05-05"）减去分娩日期（startdate"2020-05-28"），结果出现了负值"−23"，这就表示日期不正确，需要查证。

3. 重复数据   常出现于维表中，如在测定记录母猪断奶背膘厚或配种背膘厚时，对于断奶 7d 内发情的母猪，这两项数据只需要测定记录一次，如果分开记录，容易导致重复数据，因此需要将重复数据记录的所有字段导出来，重新确认并整理。

数据清洗是一个反复的过程，不可能在几天内完成，只能发现问题即解决问题。对于是否过滤、是否修正，一般要求客户确认；对于被过滤掉的数据，应写入 Excel 文件或者将过滤数据写入数据表。数据清洗需要注意应避免将有用的数据过滤掉，以及应认真验证和确认每个过滤规则。

二、数据集成

数据集成是把不同来源、格式、特性的数据在逻辑上或物理上有机地集中，从而为企业提供全面的数据共享。数据集成的本质是整合数据源，因此多个数据源中字段的语义差异、结构差异、关联关系，以及数据的冗余重复等，都会是数据集成面临的问题。

（一）实体识别问题

实体就是名词，人名、地名、物名都是实体。在计算机领域进行实体识别只需要清楚在数据清洗的过程中怎么对待实体即可。

我们需要在数据清洗时把两个本来不是同一个实体的数据区分开，也需要把本来是实体的数据连接上。包括以下几种情况。

1. 同名异义　例如，在做不同公司的数据分析时，数据来源的猪场名称为"凤凰场"，可能存在其他猪场也叫"凤凰场"。

2. 异名同义　例如，在养猪生产中，"怀孕日粮"和"妊娠日粮"以及"仔猪育成率"和"仔猪成活率"等，不同名词所表达的含义相同。

3. 单位统一　用于描述同一个实体的属性有时会出现单位不统一的情况，需要对单位进行统一，如仔猪初生重1 200g与1.2kg，对于此类问题，要么统一量纲，要么去量纲化（归一化）。

通常可以根据数据集或数据仓库中的元数据来区分模式集成中的错误。元数据包括名字、含义、数据类型和属性的允许取值范围，以及处理空白、零或NULL值的空值规则。例如，数据分析者或计算机如何才能确信一个数据库中的sow_id与另一个数据库中的sow_number指的是相同的属性，这样的元数据可以用来帮助避免模式集成的错误。元数据还可以用来帮助变换数据（如breed_type的数据编码在一个数据库中可以是"P"和"H"，而在另一个数据库中是"1"和"2"）。

（二）数据字段问题

1. 字段意义问题　在整合数据源的过程中很可能出现以下情况：

（1）两个数据源中都有一个字段名字叫"仔猪数"，但其实一个数据源中记录的是"总产仔猪数"，另一个数据源中记录的是"断奶仔猪数"。

（2）两个数据源都有字段记录产仔猪数，但是一个数据源中字段名称为"总产仔猪数"，另一个数据源中字段名称为"活产仔猪数"。可以整理一张专门用来记录字段命名规则的表格，使字段、表名、数据库名均能自动生成，并统一命名。一旦发生新的规则，还能对规则表实时更新。

2. 字段结构问题　数据集成中很可能会产生数据结构问题。在整合多个数据源时，以下问题均属于数据结构问题：

（1）字段数据类型不同　一个数据源中存为"整型"INTEGER，另一个数据源中存为"字符串数据类型"CHAR。

（2）字段数据格式不同　一个数据源中使用逗号分隔，另一个数据源中用科学记数法。例如，精子密度的数值，一个数据源为12 000 000，另一个数据源为1.20×10^7。

（3）字段单位不同　如母猪的体重信息，一个数据源中单位是磅（lb），另一个数据源中是千克（kg）。

（4）字段取值范围不同 如同样是存储母猪产仔数据的"总产仔数"数值型字段，一个数据源中允许空值、NULL 值，另一个数据源中不允许。可以从业务上确定字段的基本属性。在后续进行数据集成时，可以通过对数据格式进行统一约束，从而避免因格式不同对集成造成困扰。

（三）冗余和相关性分析

1. 冗余的概念 冗余是数据集成的另一个重要问题。一个属性（如母猪PSY）如果能由另一个或另一组属性"导出"，则这个属性可能是冗余的。属性或维命名的不一致也可能导致数据集中的冗余。

2. 相关分析检测冗余 有些冗余可以被相关分析检测到。给定两个属性，这种分析可以根据可用的数据，度量一个属性能在多大程度上蕴涵另一个属性。对于标称数据，通常使用 χ^2（卡方）检验；对于数值属性，通常使用相关系数（correlation coefficient）和协方差（covariance），均可评估一个属性的值如何随另一个属性变化。

（四）数据冲突检测处理

数据集成还涉及数据值冲突的检测与处理。例如，对于现实世界的同一实体，来自不同数据源的属性值可能不同，这可能是因为表示、尺度或编码不同，如重量属性可能在一个系统中以"kg"为单位存放，而在另一个系统中以"g"为单位存放。

属性也可能在不同的抽象层，其中属性在一个系统中记录的抽象层可能比另一个系统中"相同的"属性低。例如，"总断奶仔猪数"在一个数据库中可能涉及一个公司或一个猪场的数据，而另一个数据库中相同名字的属性可能表示一个给定地区的所有猪场的总断奶仔猪数。

三、数据变换

数据变换（data transformation）也叫数据转换，是数据处理中最常用的一项技术，广泛用于数据分析与数据挖掘。简单的函数变换包括平方、开方、取对数查分运算等，可以将不具有正态分布的数据变换成具有正态分布的数据，对于时间序列分析，有时简单的对数变换和差分运算就可以将非平稳序列转换成平稳序列。数据变换通过数据平滑、数据聚集、数据概化和数据规范化等方式将数据转换成适用于数据挖掘的形式。

（一）数据平滑

去除数据中的噪声，将连续数据离散化，可采用分箱、聚类和回归的方式进行数据平滑。分箱法是通过考察数据的"紧邻"即周围的值来光滑有序数据值。这些有序数据值被分布到一些"桶"或"箱"中。回归法是通过已有的相关数据拟合一个函数来光滑数据，如线性回归、多元线性回归等找出适合数据的数学方程，来消除噪声。聚类法是将类似的值组织成群或簇，将落在簇集合之外的点视为离群点。一般这种离群点是异常的数据，最终会影响整体数据的分析结果，因此对离群点的操作就是删除。

例如，在建立美系母猪分娩背膘厚与产健仔数的关系时，首先要划分背膘厚的范围，即"分箱"，分为<15mm、15～17mm、18～20mm、21～24mm和>24mm 5个"数据箱"；再对每个"数据箱"的健仔数据求平均值，用平均值代替箱子中的所有数据；然后通过回归分析通过发现分娩背膘厚与产健仔数两个相关变量之间的相关关系，构造一个回归函数，使得该函数能够更大程度地满足两个变量之间的关系，使用这个函数来平滑数据（图4-7）。

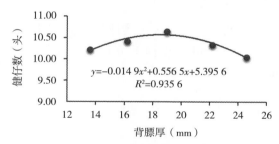

$$y=-0.014\,9x^2+0.556\,5x+5.395\,6$$
$$R^2=0.935\,6$$

图4-7　通过数据平滑建立分娩背膘厚与产健仔数之间的关系

（二）数据聚集

数据聚集是指对数据进行汇总和集中。例如，每头母猪每个胎次的产仔数据，或计算一年和终身的产仔数。通常，这一步骤用于为多个抽象层的数据分析构造数据立方体。

（三）数据概化

数据概化是指将数据由较低的概念抽象成为较高的概念，减少数据复杂度。例如，对于公猪的月龄这种数值属性，"原始数据"可能包含10、12、

16、18、20、24、28、30、36 等，可以将上述数据映射到较高层的概念，如青年公猪、成年公猪和老年公猪。

(四) 数据规范化

数据规范化是指使属性数据按比例缩放，将原来的数值映射到一个新的特定区域中。常用方法包括 Min-max 规范化、Z-score 规范化和小数定标规范化等。

1. Min-max 规范化　将原始数据变换到 [0，1] 的空间中。新数值＝（原数值－极小值）/（极大值－极小值）。

scikit-learn 中调用：preprocessing. MinMaxScaler（）

2. Z-score 规范化　新数值＝（原数值－均值）/标准差，其优点是算法简单、不受量纲影响、结果易于比较；缺点是需要数据整体平均值和方差、结果没有实际意义，仅用于比较。

scikit-learn 中调用：preprocessing. scale（）

3. 小数定标规范化　通过移动小数点的位置来进行规范化。小数点移动多少位取决于属性 A 的取值中的最大绝对值。

numpy 方法实现：j＝np. ceil（np. log10（np. max（abs（x）

scaled _ x＝x/（10 ＊ ＊j）

以 Min-max 规范化为例，假设关于属性公猪射精量一组数据的最小值与最大值分别为 100mL 和 500mL，根据 Min-max 规范化，射精量值 300mL 将转化为：（300－100）/（500－100）＝0.5。

四、数据规约

数据归约（data reduction）是指在尽可能保持数据原貌的前提下，最大限度地精简数据量（完成该任务的必要前提是理解挖掘任务和熟悉数据本身内容）。数据归约技术可以得到数据集的归约表示，规约后的数据集比原数据集小得多，但仍接近于保持原始数据的完整性。也就是说，在归约后的数据集上挖掘将更有效，仍然产生相同（或几乎相同）的分析结果。

数据归约策略包括维归约、数量归约和数据压缩。

(一) 维归约

维归约是减少所考虑的随机变量或属性的个数，它们把原数据变换或投影到较小的空间。方法包括小波变换和主成分分析（principal components analysis，PCA）。属性子集选择是一种维归约方法，其中不相关、弱相关或冗余的属性或维被检测和删除。小波变化在气候变化、水文监测、工程地质等方面应用较多，而种猪生产应用不多。因此，以下主要介绍 PCA。

1. 主成分分析的概念 PCA 又称 Karhunen-Loeve 法或 K-L 方法，搜索 k 个最能代表数据的 n 维正交向量，其中 k≤n。PCA 的工作就是从原始的空间中顺序地找一组相互正交的坐标轴，新的坐标轴的选择与数据本身是密切相关的。其中，第一个新坐标轴选择是原始数据中方差最大的方向，第二个新坐标轴选取是与第一个坐标轴正交的平面中使得方差最大的，第三个轴是与第 1、2 个轴正交的平面中方差最大的。依次类推，可以得到 n 个这样的坐标轴。通过这种方式获得的新的坐标轴，我们发现，大部分方差都包含在前面 k 个坐标轴中，后面的坐标轴所含的方差几乎为 0。于是，我们可以忽略余下的坐标轴，只保留前面 k 个含有绝大部分方差的坐标轴。事实上，这相当于只保留包含绝大部分方差的维度特征，而忽略包含方差几乎为 0 的特征维度，实现对数据特征的降维处理。这样，原数据投影到一个小得多的空间上，导致维归约。

2. 主成分分析在种猪生产中的应用 PCA 的应用比较广泛，如比较 DanBred 长大杂交组合母猪和 TN70 长大杂交组合母猪这两个高产母猪的产仔数主要受哪些因素的影响。选择 1 472 头仔猪信息，每头仔猪具有的特征因素主要包括：窝产仔数、寄养、胎次、日粮、性别、是否死胎、是为 IUGR、独立产房、体长、初生体重、乳头数量等。由于每头仔猪个体具有很多特征，难以对其分类分析，因此采取 PCA 方法进行降维。即通过一定的方法，将这些特征重新计算，合并具有相关关系的特征，产生尽可能少的新变量，再对新变量进行分析。具体做法是通过计算仔猪个体特征矩阵的协方差矩阵，然后得到协方差矩阵的特征值与特征向量，选择特征值最大（即方差最大）的 k 个特征所对应的特征向量组成的矩阵。此处仅显示了前两个特征向量即 Dim1 和 Dim2，两个特征向量分别能够解释总体方差变异的 22.3% 和 13.2%，共 35.5%。如图 4-8 所示，DanBred 和 TN70 仔猪在 Dim1 轴上发生了明显的分离。图中的箭头代表原始变量，箭头之间的夹角表示原始变量之间的相关性（锐角正相关，钝角负相关，直角不相关），箭头方向与主坐标的夹角代表原始变量与主成分的相关性，长度代表原始数据对主成分的贡献度。例如，图 4-8 中杂交组合与体长 2 个变量之间为锐角，表明杂交组合 TN70 与体长之间关系为正相关；对 Dim1 轴贡献最大的是杂交组合、窝产仔数、体长，初生重也表现出相似的贡献度，乳头数量则贡献度较小。在 Dim2 轴上贡献度最大的是胎次、宫内发育不良、初生重。此外，体长与 Dim1 轴夹角为锐角，表明体长与主特征 Dim1 呈正相关。

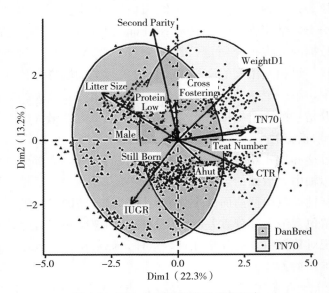

图 4-8　PCA 分析产仔数的影响因素

注：Litter Size，窝产仔数；Cross Fostering，是否寄养；Second Parity，是否二胎；Protein Low，母猪是否低蛋白日粮；Male，是否雄性；Still Born，是否死胎；IUGR，是否宫内发育不良；Ahut，是否独立的产房；CTR，体长；WeightD1，出生后 1d 的体重。

（二）数量归约

数量归约是指用替代的、较小的数据表示形式替换原数据。这些技术可以是参数的或非参数的。对于参数方法而言，通常使用一个参数模型来评估数据。只需要存储参数，而不需要实际数据，能大大减少数据量，但只对数值型数据有效。例如，可以用公式 $Y = a + \beta X$，将随机变量 Y（称为因变量）表示为另一随机变量 X（称为自变量）的线性函数。其中，假定 Y 的方差是常量；系数 a 和 β（称为回归系数），分别为直线的 Y 轴截取值和斜率。

存放数据归约表示的非参数方法包括直方图、聚类、抽样和数据立方体聚集。

表 4-4 所示为某猪场一批母猪上产房时背膘厚的数据集，记录了分娩时的背膘厚，以及在数据集中的母猪数。

表 4-4　母猪上产房时背膘厚及对应的数量

背膘厚（mm）	10	12	13	14	15	16	17	18	19	21	22	23	24	26
母猪数（头）	2	8	8	11	8	12	20	25	15	7	7	4	5	3

图 4-9 使用单桶显示了这些数据的直方图，为进一步压缩数据，通常让一个桶代表给定属性的一个连续值域。在图 4-10 中等分化为 3 个区间，每个桶代表背膘厚的一个不同区间，这样就实现了数据规约。

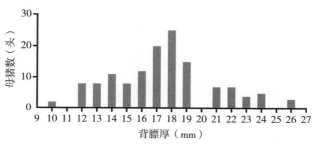

图 4-9　使用单桶的直方图

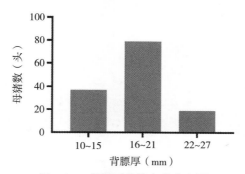

图 4-10　背膘厚的等宽的直方图

（三）数据压缩

数据压缩是指使用变换，以便得到原数据的归约或"压缩"表示。如果原数据能够从压缩后的数据重构，而不损失信息，则该数据归约称为无损的。如果我们只能近似重构原数据，则该数据归约称为有损的。对于串压缩，有一些无损压缩算法。然而，它们一般只允许有限的数据操作。维归约和数量归约也可以视为某种形式的数据压缩。因此，图 4-8 的 PCA 分析产仔数的影响因素，以及图 4-10 的背膘厚的等宽的直方图分析都属于数据压缩。

有许多其他方法来组织数据归约。花费在数据归约上的计算时间不应超过或"抵消"在归约后的数据上挖掘所节省的时间。

第五章

种猪生产大数据的分析与建模

规模养猪生产中产生的大量数据，尽管未达到 IT 行业"大数据"的数量级和广泛度，但随着行业数据获取技术的进步，数据的信息量正在迅速增加。以下主要介绍整体宏观描述的描述性统计分析、适用于连续变量的生产指标的一般线性模型分析、适用于分类变量生产指标的 Logistic 回归模型分析，以及适用于具有分层结构的生产数据的多层统计模型、对规模化养猪生产产生的大量数据进行分析的方法。

第一节　描述性统计分析

统计学主要包括描述性统计和推理统计。所谓描述性统计，旨在描述数据的基本特征，包括数据分布的特征、数据的平均值及数据变化的基本规律等；而推理统计学则是采用一种实验性的方法来分析数据，对数据进行测试以及从样本推断总体的属性。描述性统计是数据分析的第一步，是了解和认识数据基本特征和结构的方法。

一、数据变量类型

统计学中的变量根据数据属性和特征大致可以分为分类变量与数值变量，变量类型特征的不同导致在进行描述性统计时采取的方式不同。其中，数值变量根据取值特点不同可以分为离散型变量（discrete variable）和连续型变量（continuous variable）两类。

（一）分类变量

分类变量（categorical variable）是指被测量的量（即被测属性的可能变化状态）是有限数量的不同值或类别的数据。分类变量的可能状态至少有两类，这些类别是相互区别排斥，并且共同包括所有个体。当分类变量的状态只包含两类时，成为二分类变量。在母猪生产中，常见到的二分类变量包括母猪分娩（是/否）、仔猪存活（是/否）和仔猪腹泻（是/否）等指标。当分类变量的可能状态超过两类时，根据这些类别之间是否存在任何大小、高低、前后或强弱关系又分为有序多分类变量和无序多分类变量两类。在实际生产中，某种药物治疗母猪肢蹄损伤的效果可以分为无效、好转和痊愈，这种类型的指标即属于有序多分类变量；再比如，母猪未分娩的原因一般包括妊娠期空怀、返情、流产和死淘，那么这种类型的变量就属于无序多分类变量。

（二）数值变量

1. 离散型变量 指变量值可以按一定顺序一一列举，通常以整数位取值的变量。离散变量的数值用计数的方法取得，如职工人数、农场数和生产线等。在母猪生产中，接触比较多的离散型变量包括产仔和断奶性能等指标，如总产仔数、产活仔数、弱仔数和断奶仔猪数等。常用的离散变量概率分布有两点分布、二项分布、泊松分布、几何分布和超几何分布等概率分布。

2. 连续型变量 指在一定区间内可以任意取值，其数值是连续不断的，相邻两个数值可作无限分割，即可取无限个数值，如身高、体重及血钙水平等。在母猪生产中，接触比较多的连续型变量包括母猪体重、仔猪初生重、断奶重和哺乳期日增重等指标。常用的连续型变量概率分布主要包括均匀分布、正态分布和指数分布等。和离散型变量相比，连续型变量有"真零点"的概念，所以可以进行加减乘除的操作。

二、数据分布类型

数学模型的基线取决于数据的质量，数据的好坏取决于研究者对数据的理解。为了能够更好地理解数据，首先需要了解数据的分布。数据分布的不同决定了统计算法的差异，因此以下重点介绍 4 种常见的数据分布类型：正态分布、二项分布、泊松分布和指数分布，同时对种猪生产数据的变量类型和分布类型进行汇总。

（一）正态分布

正态分布又称高斯分布，是自然界中最常见、最重要的一种连续型分布，是各种统计推断方法的理论基础，许多统计检验都是基于正态假设的。

1. 正态分布曲线和特征

（1）正态分布曲线 正态分布的概率密度函数曲线呈钟形，因此人们又经常称之为钟形曲线（图 5-1）。μ 和 σ 为正态分布的两个参数，其中 μ 为 X 的总体均数，σ^2 为 X 的总体方差。正态分布曲线具有如下特征：①曲线只有一个峰，峰值位于 $x=\mu$ 处；②曲线关于直线 $x=\mu$ 对称，因而平均数=中位数=

众数；③曲线以 x 轴为渐近线向左右无限
延伸；④曲线在 $x=\mu\pm\sigma$ 处各有一个拐
点；⑤曲线由参数 μ 和 σ 完全决定，μ 决
定曲线在 x 轴上的位置（图 5-2A），σ 决
定曲线的形状，σ 较大时，曲线矮和宽，σ
较小时，曲线高与窄（图 5-2B）。当给定
了总体均数和方差，正态分布就被唯一地
确定下来，因而一个正态分布可用符号 N

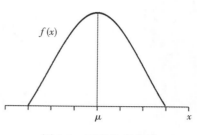

图 5-1　正态分布曲线

$(\mu,\ \sigma^2)$ 来表示。当一个随机变量 X 服从正态分布时，可表示为 X～N $(\mu$，
$\sigma^2)$。例如，如果已知 $\mu=36$，$\sigma=8$，可将该正态分布表示为 X～N（36，8^2）。

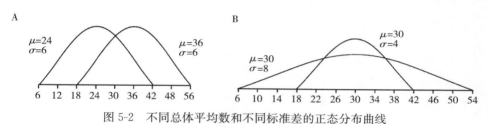

图 5-2　不同总体平均数和不同标准差的正态分布曲线

（2）正态分布特征　如果随机变量 X 的分布服从概率密度函数和概率分
布函数：

$$f(x)=\frac{1}{\sigma\sqrt{2\pi}}e^{-\frac{1}{2}(\frac{x-\mu}{\sigma})^2}\qquad(-\infty<x<\infty)\qquad（概率密度函数）$$

$$F(X)=\frac{1}{\sigma\sqrt{2\pi}}\int_{-\infty}^{x}e^{-\frac{1}{2}(\frac{x-\mu}{\sigma})^2dx}\qquad(-\infty<X<\infty)\qquad（概率分布函数）$$

则称连续型随机变量 X 服从正态分布，记为 X～N $(\mu,\ \sigma^2)$。式中，π 和
e 是两个常数，分别为圆周率（$\pi=3.141\ 592\ 6$）和自然对数的底值（e 近似
等于2.718 28）。X 的取值范围理论上没有边界（$-\infty<X<+\infty$）。x 离 μ 越
远，函数 f（x）值越接近于 0，但不会等于 0。

正态曲线下的面积分布有一定的规律：①曲线下的面积即为概率，可通过
公式求得，服从正态分布的随机变量在某区间上的曲线下面积与该随机变量在
同一区间上的概率相等（图 5-3）；②曲线下的总面积为 1 或 100%，以 μ 为中
心左右两侧面积各占 50%，越靠近 μ 处曲线下面积越大，两边逐渐减少；
③所有正态曲线，在 μ 左右的任意相同标准差倍数的范围内面积相同，如区
间 $\mu\pm\sigma$ 范围内的面积约为 68.3%，区间 $\mu\pm2\sigma$ 范围内的面积约为 95.5%，区
间 $\mu\pm3\sigma$ 范围内的面积约为 99.7%（图 5-4）。

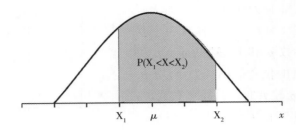

图 5-3　正态曲线下面积示意

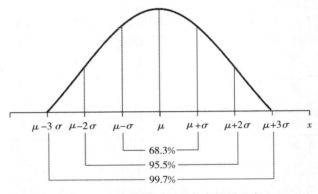

图 5-4　正态曲线下面积分布规律示意

2. 正态性分析方法　正态性分析主要有统计图法和统计指标法两种方法。利用统计图可以直观地呈现变量的分布，同时还可以呈现出经验分布和理论分布的差距。统计指标法中峰度和偏度属于两个常用的正态性统计描述指标，通过构建检验统计量能实现正态性检验。检验统计量对样本进行正态性检验的常用方法见表 5-1。

表 5-1　数值变量正态性检验的常用方法

项目	统计图法	统计指标法
分布特征描述	直方图、茎叶图、箱式图	偏度系数、峰度系数
正态性考察	概率图、P-P 图、Q-Q 图	偏度峰度联合检验（Jarque-Bera 检验）、Shapiro-Wilk 检验、Kolmogorov-Smirnov 检验、Cramér-Von Mises 检验、Anderson-Darling 检验

（1）统计图法　统计图法中既有不基于任何分布假定的一般统计描述方法，也有基于正态分布假定的正态性考察方法。前者主要是呈现当前样本数据的内部信息，后者则需考虑样本所对应的理论分布是否服从（或近似服从）正态分布。当样本量很大时，组段可以分得很细，直方图的包络线越来越接近总

体的密度函数曲线。如果这时把频率直方图与正态分布的概率密度函数曲线相比,可以直观地呈现正态逼近效果。茎叶图的用途同直方图,它不仅具备与直方图相同的直观性,同时能精细表达样本数据的取值水平,当样本量小时,可以通过茎叶图进行正态性呈现。箱式图主要用于多组数据平均水平和变异程度的直观比较,每一组数据均可呈现其最小值、四分之一位数、中位数、四分之三位数、最大值,如果一组数据服从正态分布,其四分之一位数和四分之三位数应关于中位数对称。下面用实例来说明直方图、茎叶图和箱式图在种猪生产数据中的应用。

假设现有 A 和 B 两个猪场各 20 头母猪的背膘厚数据,如表 5-2 所示。

表 5-2 A 和 B 两个猪场母猪背膘厚(mm)

A 猪场		B 猪场	
母猪编号	背膘厚	母猪编号	背膘厚
1	18	1	20
2	18	2	19
3	18	3	20
4	18	4	22
5	18	5	21
6	18	6	21
7	17	7	21
8	17	8	19
9	17	9	22
10	17	10	22
11	19	11	22
12	19	12	21
13	19	13	18
14	19	14	21
15	16	15	18
16	16	16	19
17	15	17	21
18	20	18	22
19	20	19	22
20	21	20	22

通过绘制两个猪场母猪背膘厚的直方图、茎叶图和箱式图来判断其正态性。从图 5-5 来看，A 猪场母猪背膘厚拟合的正态性较好，而 B 猪场母猪背膘厚呈现左偏态。图 5-6 为茎叶图，其中"茎"列为十位数，"叶"列为个位数，"计数"列则为频数。不难发现 A 猪场母猪背膘厚茎叶图形状较为对称，B 猪场不对称，且背膘厚为 21mm 和 22mm 的母猪较多。提示 A 猪场 20 头母猪背膘厚呈正态分布，B 猪场 20 头母猪背膘厚不服合正态分布。图 5-7 为 A 和 B 两个猪场母猪样本背膘厚的箱状图，可以看出 A 猪场母猪背膘厚围绕中位数线呈对称分布，提示 A 猪场母猪背膘厚呈正态分布。

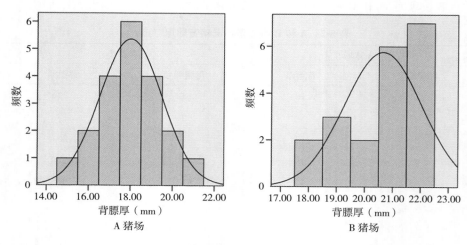

图 5-5　A 和 B 两个猪场母猪背膘厚的直方图

茎	叶						计数
1	5						1
1	6	6					2
1	7	7	7	7			4
1	8	8	8	8	8	8	6
1	9	9	9	9			4
2	0	0					2
2	1						1

A 猪场

茎	叶						计数
1	8	8					2
1	9	9	9				3
2	0	0					2
2	1	1	1	1	1		6
2	2	2	2	2	2	2	7

B 猪场

图 5-6　A 和 B 两个猪场母猪背膘厚的茎叶图

概率纸法是一种经典的数据分布特征考察方法，正态概率纸能使由正态变量的取值 x 和相应的分布函数 F（x）组成的数对（x，F（x））在概率纸上呈一条直线，其线性度是判断正态性的依据。P-P 图是根据变量的累积概率对应于所指定的理论分布累积概率绘制的散点图，用于直观地考察样本数据是否服从某一概率分布。如果样本数据服从所假定的分布，则散点较好地落在原点出发的 45°线附近。Q-Q 图的结果与 P-P 图相似，只是 Q-Q 图是用概率分的分位数进行正态性考察。从图 5-8 可以看出，无论是 Q-Q 图还是 P-P 图，A 猪场母猪背膘厚样本散点均在 45°线附近，提示服从正态分布。

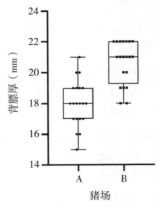

图 5-7　A 和 B 两个猪场母猪
背膘的箱状图

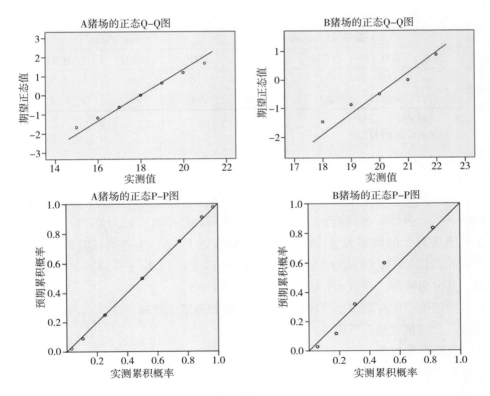

图 5-8　A 和 B 两个猪场母猪背膘厚的 Q-Q 图和 P-P 图

（2）统计指标法　利用统计图判定样本数据的正态性很难避免分析者个人

的主观性，构造统计指标进行正态性分析的统计描述与推断更为客观。统计指标法的检验包括但不限于基于偏度系数和峰度系数的正态性检验、Shapiro-Wilk 正态性检验（W 检验）、Kolmogorov-Smirnov 检验。这些测试可以很容易地使用统计软件实现，如 SAS 和 SPSS。

例如，表 5-3 为利用 SPSS 软件对两个猪场母猪背膘厚做正态性检验，Kolmogorov-Smirnov 检验和 Shapiro-Wilk 正态性检验均表现出 A 猪场母猪背膘厚呈正态性分布，B 猪场母猪背膘厚不符合正态分布。

对 Shapiro-Wilk 检验、Kolmogorov-Smirnov 检验、Cramér-Von Mises 检验和 Anderson-Darling 检验这四种正态性检验方法进行模拟时，如果样本量在 2 000 以下，Shapiro-Wilk 检验效率最高，一般建议作为首选方法。其他三种方法以 Anderson-Darling 检验效率最高，Kolmogorov-Smirnov 检验效率最低。

表 5-3   利用 SPSS 软件对 A 和 B 两个猪场母猪背膘厚做正态性检验

猪场	Kolmogorov-Smirnov[a]			Shapiro-Wilk		
	统计	自由度	显著性	统计	自由度	显著性
A	0.150	20	0.200 [*]	0.967	20	0.697
B	0.250	20	0.002	0.842	20	0.004

注：[*]真显著性的下限；
　　[a]里利氏显著性修正。

（二）二项分布

二项分布是最常见的离散性随机变量的概率分布。其定义为：假设①在相同的条件下进行 n 次试验；②每次试验只有两种结果（可记为 0，1）；③每次试验结果为 1 的概率为 p，结构为 0 的概率为 $1-p$；④各次试验彼此独立。则在 n 次试验中，结果为 1 的次数（$x=0, 1, 2, 3, 4, \cdots, n$）是个随机变量，其分布称为二项分布，表示为 X~B (n, p)。

种猪生产中有很多这样的例子，如公猪和母猪生产或淘汰，是否患有某种疾病，公猪精液是否可用等。

其概率函数为：

$$f(x) = C_n^x \, p^x \, (1-p)^{n-x} = \frac{n!}{x! \, (n-x)!} \, p^x \, (1-p)^{n-x} \quad (x=0,1,2,\cdots,n)$$

二项分布的期望和方差分别为：

$$\mu = E(X) = \sum x_i f(x_i) = n \, p$$

$$\sigma^2 = Var\ (X) = n\,p\ (1-p)$$

当 $p=0.5$ 时，二项分布的方差达到最大，p 离 0.5 越远方差越小。二项分布随着 n 的增大而趋近正态分布（图 5-9），尤其当 $p=0.5$，只需 $n=10$，二项分布就与正态分布非常接近（图 5-10）。一般只要满足条件 $n\,p \geqslant 5$，二项分布 B（n，p）就近似正态分布 N（$n\,p$，$n\,p$（$1-p$））。

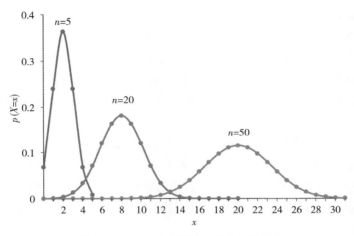

图 5-9　$p=0.4$ 时不同 n 值的二项分布

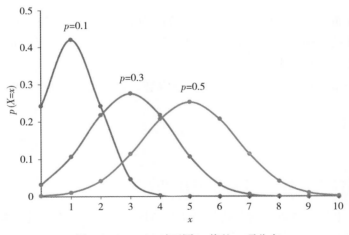

图 5-10　$n=10$ 时不同 p 值的二项分布

（三）泊松分布

泊松分布也是一种常见的离散分布，它是二项分布的一种极端形式。对于二项分布 B（n，p），如果 n 很大，而 p 很小，可证明：

$$C_n^x \, p^x \, (1-p)^{n-x} \rightarrow \frac{e^{-\lambda} \lambda^x}{x!}$$

其中，$\lambda = n\,p$，是一个常量，e 是自然对数的底。将具有概率函数：

$$f(x) = P(X=x) = \frac{e^{-\lambda} \lambda^x}{x!} \quad (x=0, 1, 2, \cdots, n)$$

该函数的分布称为泊松分布，表示为 X～P（λ），λ 是泊松分布的期望，同时也是泊松分布的方差。泊松分布只有一个参数，主要用来描述小概率事件在一定时间或空间上发生的次数的概率分布。例如，在一定时间段内，母猪群发生某种疾病的个体数，再比如母猪产仔性能中的总产仔数、产活仔数、弱仔数、死胎数和木乃伊数，这些数据理论上都服从泊松分布。

泊松分布是个计数过程，通常用于模拟一个非连续事件在连续时间中的发生次数。主要特点：①任何一个成功事件不能影响其他的成功事件 [$X(t+s) - X(t)$，增量之间互相独立]；②经过短时间间隔的成功概率必须等于经过长时间间隔的成功概率；③时间间隔趋向于无穷小的时候，一个时间间隔内的成功概率趋近零。

（四）指数分布

指数分布是独立事件发生的时间间隔，如仔猪出生的时间间隔。指数分布的公式可以从泊松分布推断出来。如果下一个仔猪出生要间隔时间 t，就等同于 t 之内没有任何仔猪出生。

指数分布只有一个参数 λ，称为率参数。指数分布的期望和方差分别为 $1/\lambda$ 和 $1/\lambda^2$。

$$f(x) = \begin{cases} \lambda e^{-\lambda x}, & x > 0 \\ 0, & x \leqslant 0 \end{cases}$$

（五）种猪生产数据的变量类型和分布类型

针对本书第二章讲述的公猪与母猪繁殖性能指标，结合上述数据变量类型和分布类型内容，我们总结了这些指标的数据类型和分布特征（表5-4）。需要强调的是，以下所列内容是假设数据来自同一个猪场；当这些数据来自多个猪场时，另外还需要检测数据的组内相关系数来确定数据的层次结构。

表 5-4 种猪繁殖性能指标的数据变量类型和分布类型

种猪	指标层级	繁殖性能指标 指标描述	数据类型	分布类型
母猪	每胎生产性能	总产仔数、产活仔数、断奶仔猪数、WEI	离散变量	泊松分布
		弱仔数、死胎数和木乃伊仔数	离散变量	泊松分布
		初生重和断奶重	连续变量	正态分布
		WEI	离散变量	泊松分布
	年生产力	PSY	连续变量	正态分布
		年生产胎次	连续变量	正态分布
	终身繁殖性能	终身提供的断奶仔猪数	离散变量	泊松分布
		终身生产胎次	离散变量	泊松分布
	群体性能指标	分娩率	连续变量	非正态分布
		7 d 断配率	连续变量	非正态分布
		返情率	连续变量	非正态分布
		空怀率	连续变量	非正态分布
		流产率	连续变量	非正态分布
		死亡率	连续变量	非正态分布
		淘汰率	连续变量	非正态分布
		淘汰率	连续变量	非正态分布
		更新率	连续变量	非正态分布
		NPD	连续变量	正态分布
公猪	精液品质	射精量	连续变量	正态分布
		精子密度	连续变量	正态分布
		精子活力	连续变量	非正态分布
		精子畸形率	连续变量	非正态分布
	肢蹄健康	肢蹄损伤程度	离散变量	非正态分布
	种用年限	在群天数	离散变量	泊松分布

三、描述性统计量

描述性统计的内容主要分为位置度量和离散度度量两种形式。其中位置度量能够反映数据的集中趋势，它描述了中心、中间或大部分数据的位置；算术平均数、中位数、众数是常用的位置度量方法。而离散度度量是数据分布或分散的反映，主要包括极差、分位数及方差和标准差。

（一）位置度量

位置度量指标主要包括算术平均数、中位数和众数。

1. 算术平均数　是所有观测值的总和除以观测值个数，即常规使用的平均数。例如，一个企业下属 6 个公猪站，每个公猪站 2021 年 6 月分别生产了 2 000、3 000、2 500、3 500、5 000 和 6 000 袋猪精产品，那么该企业 2021 年 6 月总计生产 2 000＋3 000＋2 500＋3 500＋5 000＋6 000＝22 000 袋猪精产品，平均到每个公猪站则是（2 000＋3 000＋2 500＋3 500＋5 000＋6 000）/6＝3 666.67 袋猪精产品，3 666.67 即为该企业各公猪站 2021 年 6 月猪精产品的算术平均数。

2. 中位数　是测量数据的中间值。当 n 为奇数时，样本中位数可以被导出：中位数是 $[(n＋1)／2]^{th}$ 的观测值。例如，有 9 头公猪，它们的月龄分别为 23、23、24、28、30、40、43、44 和 48 月龄，那么这 9 头公猪的月龄中位数为（9＋1）/2＝5th 的观测值，即 30 月龄。30 月龄以下的观测次数与 30 月龄以上的观测次数相同；当 n 是偶数时，中位数是第 $(n/2)^{th}$ 和 $(n/2＋1)^{th}$ 观测值的平均值。例如，在 23、23、24、28、30、38、40、43、44、48 月龄共 10 头公猪月龄的记录数据中，中位数为 $(10/2)^{th}＝5^{th}$ 和 $(10/2＋1)^{th}＝6^{th}$ 观测值的平均值，即（30＋38）/2＝34。中位数与算术平均数的区别在于中位数不受极值的影响。例如，3、5、7 这 3 个数字的中位数是 5，算术平均数也是 5；但 3、5、70 这 3 个数的中位数也是 5，而算术平均数也是 39。

3. 众数　是样本中所有观测值中出现频率最高的值，不受个别数据的影响。还是以上述公猪月龄数据为例，有 10 头公猪，月龄分别为 23、23、24、28、28、28、30、40、43 和 44 月龄，那么公猪月龄的这些数据中，28 出现的次数最多为 3 次，故众数为 28。特别对于对称分布的数据，算术平均值、中位数和众数是相同的，并且一个变量可能有多个众数。然而，呈偏态分布的数据，其算术平均值、中位数和众数的数值差异可能很大，在这种情况下，中位数比算术平均值更能代表数据分布的中心。

（二）离散度度量

离散度度量指标主要包括极差、百分位数、方差和标准差（standard deviation，SD）。

1. 极差　范围是最小值和最大值之间的距离。

2. 百分位数　若将一组数据从小到大排序，并计算相应的累计百分点，则某百分点所对应数据的值，就称为这百分点的百分位数，以 Pk 表示第 k 百分位数。百分位数是用来比较个体在群体中的相对地位量数。其中常用的是四分位数（quartile），所谓四分位数，是指把所有数值由小到大排列并分成四等份，处于三个分割点位置的数值。

3. 方差和标准差　是评估数据变异程度大小的两个重要指标。其中方差是各个数据与其算术平均数的离差平方和的平均数，通常以 σ^2 表示；标准差又称均方差，一般用 σ 表示。

方差的计算公式如下：

$$S^2 = \frac{\sum_{i=1}^{n}(X_i - \overline{X})^2}{n-1}$$

标准差的计算公式如下：

$$S = \sqrt{\frac{\sum_{i=1}^{n}(X_i - \overline{X})^2}{n-1}}$$

例如，在 1、2、3、4、5 和 6 的一组值中，平均值是 3.5，方差是 3.5，标准差是 1.87。

第二节　一般线性模型

统计分析的对象是统计资料，如果资料中包含着自变量 X 和连续变化的反应变量 Y 时，为了用最简便的方式展示它们之间的依存关系，人们首选一般线性模型（general linear model，GLM）模型。在统计分析模型中，GLM 模型是应用最广泛同时也是最重要的是一类统计模型。

一、GLM 模型概述

（一）线性模型的定义及发展

线性统计模型简称为线性模型，是数理统计中一类统计模型的总称。在实际问题研究中，解释变量 X 与结局变量 Y 一般存在相互依赖关系，线性模型能够通过变量 X 和 Y 的取值来分析是否具有某种关联，解释变量 X 的取值在何种水平上能够产生对结局变量 Y 的影响；当解释变量取值不唯一时，还可探讨这些因素中哪些因素是主要的，哪些因素是次要的。因此，线性模型常被广泛应用于生物技术、金融管理、工农业生产以及工程技术等领域。

有关一般线型模型的研究起源很早。Fisher 在 1919 年就曾使用过该模型；随后 Nelder 和 Wedderburn 在 1972 年首先提出广义线性模型（generalized linear models）的概念，使得 GLM 模型得到进一步推广和应用；到了 1983 年，McCullagh 和 Nelder 在其论著 *generalized linear models* 中详细地论述了广义线性模型的基本理论与方法。由于线性模型具有广泛的应用型，学者们对它的研究和拓展逐渐深入，线性模型已成为统计学中研究的热点。

（二）GLM 模型

GLM 模型依据结局变量的属性和解释变量的性质（分类变量还是连续变量）、有无协变量以及分布情况可以分为多种分析模型，通常包括线性回归模型、方差分析模型和协方差分析模型。

GLM 模型方程如下：

$$Y = X\beta + \varepsilon$$

其中，Y 代表结局的观测值，X 代表由解释变量构造的设计矩阵，β 代表回归系数，ε 代表正态独立的随机误差，并假定其均值 $E(e) = 0$，协方差矩阵为 $K = \text{Cov}(e)$。GLM 模型选用条件应包括以下 4 点：①ε_i 符合正态分布（满足正态性）；②ε_i（$i = 1, 2, 3, \cdots, i$）间相互独立（满足相互独立性）；③$E(\varepsilon_i) = 0$，方差为一常数（满足方差齐性）；④响应变量 Y_i 与解释变量 X_m（$m = 1, 2, 3, \cdots, m$）具有线性关系。

当 GLM 模型具有不同结构的设计矩阵 X 和误差的协方差矩阵 K 时，会衍生出不同的变形。例如，当 X 全部由定量的影响因素（包括哑变量）构造而成时，模型就简化为回归分析模型，其中当 X 的个数只有一个时为一元线性回归，当 X 的个数大于等于 2 个时为多重线性回归。再如，当 X 分别由固定效应、随机效应和固定与随机两种效应的定性影响因素构造而成时，模型就分别简化为固定效应、随机效应和混合效应的方差分析模型。此外，当 X 同时由定性和定量两种影响因素构造而成时，须分以下三种情形来讨论：①当定性的影响因素是固定效应时，模型就变成了协方差分析模型；②当定性的影响因素是随机效应时，模型就变成了多水平回归模型；③当定性的影响因素包括固定和随机两种效应时，若固定效应的定性变量未用哑变量技术处理，模型就变成了具有协方差分析结构的多水平模型，反之，模型仍旧是多水平回归模型。由于GLM模型具有不同的变形，因此可分别适用于t检验、各种设计类型资料的方差和协方差分析、回归分析和多水平模型。

1. 线性回归模型　一般线性模型的模型方程如下：

$$Y = X\beta + \varepsilon$$

其中，Y 代表结局变量的观测值，X 代表解释变量，β 代表回归系数，ε 代表随机误差向量（应符合正态性及独立性）。当解释变量 X 数据类型全部属于定量数据（允许含有哑变量）时，这时的GLM模型则演变成为线性回归模型。模型方程如下：

$$Y_i = \beta_0 + \beta_1 X_1 + \beta_2 X_2 + \cdots + \beta_m X_m + \varepsilon_i$$

其中，Y_i 代表第 i 次的结局变量观测值，X_1，X_2，X_3，$\cdots$，X_m 代表 m 种定量的解释变量，β_0，β_1，β_2，β_3，$\cdots$，β_m 代表与设计矩阵 X_m 的回归系数，ε_i 则代表随机误差向量。GLM 模型选用条件应包括以下 4 点：①ε_i 符合正态分布（满足正态性）；②ε_i（i=1，2，3，$\cdots$，i）间相互独立（满足相互独立性）；③E（ε_i）= 0，方差为一常数（满足方差齐性）；④响应变量 Y_i 与解释变量 X_m（m=1，2，3，$\cdots$，m）具有线性关系。以上 4 点均满足后，才可依据分析目的决定是否选用一般线性模型。线性回归模型是用来确定两种或两种以上变量间相互依赖的定量关系，生产中能够使用的情景如研究母猪泌乳期采食量与仔猪增重或体重损失的关系。

2. 方差分析模型　X 分别由固定效应、随机效应和固定与随机两种效应的定性影响因素构造而成时，模型就分别简化为固定效应、随机效应和混合效应的方差分析模型。

（1）固定效应方差分析模型　以两因素析因设计为例，设定解释变量 A 和 B 均为固定效应，分别有 a 和 b 个水平，则共有 $a \times b$ 种组合方式，每种组合下分别重复 k 次试验（k≥2），Y 代表定量数据的响应变量，则该试验设计下的固定效应方差分析模型可表述为：

$$Y_{ijk} = \mu + \alpha_i + \beta_j + (\alpha\beta)_{ij} + \varepsilon_{ijk}$$

$$i=1，2，\cdots，a；j=1，2，3，\cdots，b；k=1，2，3，\cdots，n$$

其中，μ 代表总体平均值，α_i 代表解释变量 A 第 i 个水平的效应（即 $\alpha_i = \mu A_i - \mu$），β_j 代表解释变量 B 第 j 个水平的效应（即 $\beta_j = \mu B_j - \mu$），$(\alpha\beta)_{ij}$ 代表 A 与 B 分别在第 i 水平与第 j 水平组合条件下的交互作用，ε_{ijk} 代表随机误差分量。进行方差分析时，需要分别计算解释变量 A、B 以及交互作用 A × B

的期望均方，根据均方构造出假设检验"H_0：$\alpha_i=0$，H_0：$\beta_j=0$，H_0：$(\alpha\beta)_{ij}=0$"的三个 F 统计量，计算公式如下：

$$F_A=MS_A/MS_E；F_B=MS_B/MS_E；F_{AB}=MS_{AB}/MS_E$$

其中，F_A 符合 $F_{a-1,ab(n-1)}$ 分布，F_B 符合 $F_{b-1,ab(n-1)}$ 分布，F_{AB} 符合 $F_{(a-1)(b-1),ab(n-1)}$ 分布。固定效应方差分析模型需要进行两两比较以确定解释变量间对结局变量影响的显著性。

固定效益方差分析模型选用条件应包括以下 3 点：①ε_i符合正态分布（满足正态性）；②ε_i（i=1，2，3，…，i）间相互独立（满足相互独立性）；③E（ε_i）=0，方差为一常数（满足方差齐性）。

（2）随机效应方差分析模型   实际生产中，有时无法或没有必要确定所有的因素水平，所确定的因素或水平只是众多因素或水平中随机抽取的，相当于在总体中抽取样本，这样所产生的效应称为随机效应，具有随机效应的模型称为随机效应方差分析模型。模型公式可表述如下：

$$Y_{ijk}=\mu+\alpha_i+\beta_j+(\alpha\beta)_{ij}+\varepsilon_{ijk}$$

$$i=1，2，…，a；j=1，2，3，…，b；k=1，2，3，…，n$$

其中，μ 是总平均效应，α_i、β_j、$(\tau\beta)_{ij}$ 以及 ε_{ijk} 都是随机变量。特别的，假定 α_i 服从 NID（0，α_i^2），β_j 服从 NID（0，$\sigma\beta^2$）、$(\alpha\beta)_{ij}$ 服从 NID（0，$\sigma\alpha\beta^2$）、ε_{ijk}服从 NID（0，σ^2）。由此推断出任一观测值的方差为：

$$V（Y_{ijk}）=\sigma\alpha^2+\sigma\beta^2+\sigma\tau\beta^2+\sigma^2$$

其中，$\sigma\alpha^2$、$\sigma\beta^2$、$\sigma\alpha\beta^2$ 和 σ^2 四项叫作方差向量，因此随机效应方差分析模型也被称为方差向量模型。对于方差向量模型，构造 F 统计量的方法与固定效应方差分析模型相似，根据 3 个期望均方的表达式，构造出假设检验"H_0：$\sigma\alpha^2=0$，H_0：$\sigma\beta^2=0$，H_0：$\sigma\tau\beta^2=0$"的 3 个 F 统计量。计算公式如下：

$$F_A=MS_A/MS_{AB}；FB=MS_B/MS_{AB}；F_{AB}=MS_{AB}/MS_E$$

其中，F_A 符合 $F_{a-1,(a-1)(b-1)}$ 分布，F_B 符合 $F_{b-1,(a-1)(b-1)}$ 分布，F_{AB} 符合 $F_{(a-1)(b-1)}$，$ab（n-1）$ 分布。对于随机效应方差分析模型，我们只要检验随机效应的方差是否为 0 即可，而不用检验各处理效应，因为这些处理是随机抽取的，检验对因变量有无影响并没有实际意义。当交互作用不存在时，它与固定效应方差分析模型分析的结果是一样的。

随机效应方差分析模型选用条件应包括以下 2 点：①ε_i符合正态分布（满足正态性）；②ε_i（i=1，2，3，…，i）间相互独立（满足相互独立性）。

（3）混合效应方差分析模型   既包含固定效应也包含随机效应的方差分析模型称为混合效应方差分析模型，进行的检验也是固定效应和随机效应相结合。模型公式可表述如下：

$$Y_{ijk} = \mu + \alpha_i + \beta_j + (\alpha\beta)_{ij} + \varepsilon_{ijk}$$

$$i = 1, 2, \cdots, a; \ j = 1, 2, 3, \cdots, b; \ k = 1, 2, 3, \cdots, n$$

其中，α_i 代表固定效应，β_j 代表随机效应，并且假定 $(\alpha\beta)_{ij}$ 也代表随机效应，而 ε_{ijk} 代表随机误差。假定 $E(\alpha) = 0$，β_j 服从 NID $(0, \sigma\beta^2)$、$(\alpha\beta)_{ij}$ 服从 NID $\left(0, a - \dfrac{1}{a}\sigma^2\alpha\beta\right)$、$e_{ijk}$ 服从 NID $(0, \sigma^2)$。关于随机效应方差分析模型构造 F 统计量的方法与固定效应与随机效应方差分析模型类似，根据固定效应和随机效应及固定×随机效应的均方计算 3 个 F 统计量。对于固定效应的假设检验为"$H_0: \alpha_i = 0$，对于随机效应的假设检验 $H_0: \sigma\beta^2 = 0$，$H_0: \sigma\alpha\beta^2 = 0$"。F 统计量计算公式如下：

$$F_A = MS_A / MS_{AB}; \ F_B = MS_B / MS_E; \ F_{AB} = MS_{AB} / MS_E$$

其中，F_A 符合 $F_{a-1,(a-1)(b-1)}$ 分布，F_B 符合 $F_{b-1,ab(n-1)}$ 分布，F_{AB} 符合 $F_{(a-1)(b-1)}$，$ab(n-1)$ 分布。

混合效应方差分析模型选用条件应包括以下 2 点：①ε_i 符合正态分布（满足正态性）；②混合线性模型保留了一般线性模型的正态性前提条件，放弃了独立性和方差齐性的条件。

3. 协方差分析模型　协方差分析以一个处理组（i 个水平）和一个协变量 x 为例，协方差分析模型可以表示成如下形式：

$$Y_{ij} = \mu + \alpha_i + \beta(x_{ij} - \mu_x) + \varepsilon_{ij}$$

其中，Y_{ij} 是第 i 种水平组取得的响应变量的第 j 个观测值，x_{ij} 是第 i 个水平的第 j 个协变量观测值，μ_x 是协变量的总体均值，μ 是与 Y_{ij} 对应的总平均值，α_i 是第 i 种水平的固定效应，β 是回归系数，$\beta(x_{ij} - \mu_x)$ 可作为协变量效应，$\varepsilon_{ij} \sim$ NID $(0, \sigma^2)$ 是随机误差分量。

协方差分析模型选用条件应包括以下 5 点：①ε_i 符合正态分布（满足正态性）；②ε_i（$i = 1, 2, 3, \cdots, i$）间相互独立（满足相互独立性）；③$E(\varepsilon_i) = 0$，方差为一常数（满足方差齐性）；④协变量与分析指标存在线性关系，可以通过回归分析方法进行判断；⑤各处理组的总体回归系数相等且不为 0（斜率同质性）。

（三）广义线性模型

广义线性模型是 GLM 模型的延伸，它使总体均值通过一个非线性连接函数而依赖于线性预测值，同时还允许响应概率分布为指数分布的任何一员。广义线性模型主要包括以下 3 个部分：①线性部分，其与 GLM 模型相同，表达公式为 $Y = X\beta$；②包含一个严格单调可导的连接函数 $g (\mu_i) = X\beta$；③结局变量 Y_i 是相互独立的，并且具有指数概率分布。广义线性模型与典型线性模型的区别是其随机误差的分布没有正态性要求，虽然广义线性模型本质上属于非线性模型，但是同时又具有一些其他非线性模型所不具备的性质，如随机误差分布的明确性（二项分布、Poisson 分布及负二项分布等）；当随机误差分布符合正态时，广义线性模型等价于 GLM 模型。

虽然 GLM 模型广泛地应用于统计数据分析中，但仍然存在不足之处：①要求 Y 的分布为正态或接近正态分布，实际数据的分布未必满足该条件；②在实际研究中，各组数据的方差难以满足方差齐性。

因此，为了适用于更广泛的数据分析，广义线性模型对 GLM 模型从以下几个方面进行了推广：①$E (Y) = \mu = h (X) \beta$，引入连接函数 $g = h^{-1}$（h 的反函数），$g (\mu) = X\beta$；②X 和 Y 既可以是连续变量，也可以是分类变量；③Y 属于指数型分布，可以包括正态分布。与 GLM 模型类似，拟合的广义线性模型也可以通过拟合优度统计量和参数估计值及其标准差等指标来拟合。除此之外，还可通过假设检验和置信区间做出统计推断。

二、GLM 模型在种猪生产数据中的应用场景

由上所述可知，GLM 模型主要包括线性回归模型、方差分析模型和协方差分析模型，这三类模型也是在种猪生产数据分析中的常用模型。在公猪生产数据分析应用中，线性回归模型可以用来研究种公猪日增重与能量摄入、公猪日龄与精子活力及精子畸形率的关系等问题；方差分析模型可以用来研究影响公猪种用年限的关键因素的问题；协方差分析模型可以用来研究诸如不同营养技术措施对公猪精液品质影响的问题，其中一般以公猪月龄为协变量来校正营养技术措施对公猪精液品质的影响。

在母猪生产数据分析应用中，线性回归模型可以用来研究母猪分娩前背膘厚与泌乳期采食量的关系、母猪分娩前背膘厚与泌乳期背膘厚损失的关系等问题；方差分析模型可以用来研究影响母猪总产仔数、产活仔数、健仔数、仔猪初生个体均重及仔猪断奶个体均重关键因素的问题；协方差分析模型可以用来研究诸如不同营养技术措施对母猪产仔性能和断奶性能影响的问题，其中一般以母猪胎次为协变量来校正营养技术措施对对母猪产仔性能和断奶性能的影响。

第三节　Logistic 回归模型

GLM 模型处理的解释变量主要为连续变量，但是当解释变量 Y 为分类变量时，线性回归方法就无能为力了，而 Logistic 回归模型是处理该问题的有效方法。该方法对自变量的性质几乎没有限制，但要求有较大的样本量。逻辑回归系数具有明确的实际意义，可以根据回归系数得到优势比的估计值。因此，运用 Logistic 回归模型可以处理种猪生产中的很多分类变量问题。

一、Logistic 回归模型概述

（一）Logistic 回归模型的定义和分类

Logistic 回归模型（logistic regression model）是统计学中一种经典的分类算法，可简要概况为一组/多组解释变量预测一个/多个分类结局变量的统计分析方法，它也可以用来评估解释变量对结局变量的预期效果。该模型从 19 世纪末期提出以来，在自然科学、医学和统计学等领域的数据处理中发挥着重要的作用，是一种常用的统计方法之一。Logistic 回归模型主要有两种分类标准，一种是按结局变量的类型数量和属性来分，当结局变量为二分类时，如公猪精液是否可用，母猪是否发生淘汰等，此时称之为二元 Logistic 回归模型；当结局变量为多分类时，此时又要根据结局变量的属性进一步区分，当结局变量具有递进逻辑时，如治疗母猪某种疾病后的效果为无效、有效和治愈，此时称之为有序多分类 Logistic 回归模型；当结局变量不具有递进逻辑时，如研究公猪淘汰原因的影响因素时，结局变量淘汰原因包括精液品质差、肢蹄病和性欲差三类，它们之间不存在递进逻辑，此时称之为无序多分类 Logistic 回归模型。此外，还有一种是按照解释变量的个数来分，当解释变量个数只有一个时，称之为单因素 Logistic 回归；当解释变量个数大于等于两个时，称之为多因素 Logistic 回归模型。

（二）Logistic 回归模型介绍

1. Logistic 回归模型参数

（1）风险和相对风险　风险是指在特定群体中表现出利益结果的个体的比例。它是病例数（通常是结果不好的参与者）除以每组参与者的总数。表 5-5 和表 5-6 演示了如何计算示例中两组精子活力不合格结果的风险。

　　相对风险是指两组的危险度之比。规模化猪场组公猪精子活力不合格的相对风险（0.34）相对于农户散养型猪场（0.39）为0.34/0.39＝0.87。0.87的相对危险度小于1.0，表明规模化猪场组公猪精子活力不合格的估计危险度低于农户散养型猪场公猪。相对危险度为1表示两组危险度相同；相对危险度＞1表示规模化猪场组公猪精子活力不合格的估计危险度高于农户散养型猪场公猪。远离1的值越大表示两组之间的差异越大。但相对风险的一个缺点是不能从病例-对照设计中估计。在病例-对照研究中，病例与对照的比例是由设计决定的，因此处理组或对照组的结果风险都不能计算。考虑到这些相对风险的局限性，研究人员在比较两组之间的结果时经常使用优势比。

表 5-5　不同猪场公猪精子活力分布数据

猪场类型	精子活力		合计
	精子活力合格 （高于70%，0级）	精子活力不合格 （低于70%，1级）	
规模化猪场	203	104	307
农户散养型猪场	185	118	303
合计	388	222	610

表 5-6　不同猪场公猪精子活力合格率结果的估计风险、风险比和优势比

比例（风险）	风险比	概率	优势比
$P_{规模化猪场}＝104/307＝0.34$	0.34/0.39＝0.87	odds＝104/203＝0.51	0.51/0.64＝0.80
$P_{农户散养型猪场}＝118/303＝0.39$		odds＝118/185＝0.64	

　　（2）优势比　优势比（odds ratio，OR）又称比值比或交叉乘积比。为了理解优势比，首先需要理解概率（odds），即事件发生的概率与该事件不发生的概率之比。一般来说，如果在一个特定组中输出结果的比例表示为 p，那么概率计算为：

$$odds＝\frac{p}{1-p}$$

　　由表5-6可知，农户散养型猪场精子活力的odds＝118/185＝0.64。由优势比定义可知 $OR＝odds_{病例组}/odds_{对照组}$。在表5-6中，规模化猪场组不良结果的估计概率是0.51，而农户散养型猪场组的概率是0.64。因此，规模化猪场组相对农户散养型猪场组的优势比为0.51/0.64＝0.80。与相对风险一样，优势比为1表示估计各组配对的优势比完全相等；优势比＞1时，处理组的估计优势比大于对照组；当优势比＜1时，处理组的估计优势比小于对照组。优势比离 1 越远表明群体差异越大。表 5-6 中 0.80 的优势比表明，规模化猪场组公猪的精子活力不良结局的比值比农户散养型猪场组公猪低 20%。

二、Logistic 回归模型在种猪生产数据中的应用场景

由上所述可知，Logistic 回归模型根据结局变量的属性分为二分类 Logistic 回归模型、无序多分类 Logistic 回归模型和有序多分类 Logistic 回归模型；根据解释变量的个数可以分为单因素 Logistic 回归模型和多因素 Logistic 回归模型。无论哪种分类，Logistic 回归模型可以处理分类变量的问题。在公猪生产数据分析应用中，Logistic 回归模型可以用来研究公猪淘汰原因的影响因素、公猪精液弃用的影响因素和公猪肢蹄健康与否的影响因素等问题。在母猪生产数据分析应用中，Logistic 回归模型可以用来研究母猪淘汰原因的影响因素、母猪空怀率、返情率、流产率、分娩率和 7d 断配率等群体指标的影响因素以及疾病治疗效果（如前文提到的治疗母猪某种疾病后的效果为无效、有效和治愈）的问题。Logistic 回归作为能够准确判断出各影响因素对因变量影响程度和风险阈值的模型，相较于线性回归模型更适用于因变量是分类变量的情况。

第四节　多层统计模型

在分析种猪生产数据时，经常遇到具有分层结构的多层数据，如种猪某项生产指标在同一猪场内具有同质性。由于这些数据具有分级结构，因此不满足采用普通最小二乘法进行估计的正态性、独立性和方差齐性的三个原则。此外，普通最小二乘法模型估计的截距和斜率为固定系数，不能分析反应变量随时间变化的个体特征和变异。传统的分析方法是采用单元重复测量方差分析和多元重复测量方差分析两种方法，但是前者是需要采用"复合对称"假设，要求任何点上的残差方差相等，且协方差要求为常数，这种假设在多数纵向数据中不太可能成立；后者要求数据的完整性和均衡性，并且需要在同一时间点测量，且在所有时间点均测量。这些限制制约了对具有层次结构的数据的挖掘。而多层统计模型在处理具有层次结构数据时不需要均衡数据，也不需要每次测量具有相同的时间间隔，它允许数据存在缺失值，可以方便地处理时间变化协变量。因此，多层统计模型正逐渐广泛应用于多个领域。

一、多层统计模型概述

多层统计模型又称随机效应模型，它的研究和应用始于 20 世纪 80 年代末，是分析和处理具有层结构数据的有力工具，其也是目前国际统计学研究中一个新兴而重要的领域。多层统计模型自诞生以来，无论是理论研究还是在应用方法方面，发展非常迅速。多层统计模型的研究大致可以分为两大类：理论创新研究和应用研究。理论研究主要集中在与传统的统计模型相比，多层统计模型在参数估计、误差和方差处理、多个响应变量和非线性多层统计模型等方面所具有的优势。应用研究主要围绕对多层统计模型进行优化方面的应用、多层模型与计算技术相结合的应用、处理不同类型的数据和缺失数据方面的应用以及利用多层数据来回答单层数据问题的应用等方面，应用范围逐渐扩大以解决我们的实际问题。

(一) 多层次数据的普遍性

在科学研究中，研究的对象往往不是一个孤立的单元，而是一个由相互关联、相互制约的众多因素构成的复杂系统，这些制约因素既有可能发生在同一层次上，也有可能发生在不同层次上。如果发生在不同层次上就形成了分层结构，所谓分层结构，是指较低层次的单位嵌套于较高层次的单位之中。事实上，在考虑诸如社会、人口、教育以及医疗卫生与健康科学等领域所关注的几乎所有现象时，我们都会看到这种层次和这种层次结构的重要性。例如，在社会科学中，人隶属于社会之中，个体的行为会受到社会场景的影响；在教育学中，学生隶属于学校，学生的学习成绩往往会受到学校学习环境和师资水平的影响；在卫生环境与健康研究领域，人们很早就注意到个体的健康相关行为是个体特征和环境因素共同作用的结果。

这些问题不仅发生在以上学科领域，也会发生在动物科学领域之中。事实上，在动物科学研究中，动物个体往往并不是孤立存在的，因此在分析动物个体时，不仅要聚焦个体本身特征，也要考虑群体或场景因素对个体行为的影响。如果对这种情况不加区分，仅在个体水平（群体间的信息被疏漏）或群体水平（个体内信息被忽略）得到的结论很可能是无效的。例如，当观察一窝仔猪时，这窝仔猪性能就有着某种程度的相关，就形成了"窝内仔猪个体与母猪窝单元"这样一种层次关系（图 5-11）。一方面与这窝仔猪的父母有着更大的相似性，另一方面又与其他母猪所产窝仔猪相似甚少。因此，在研究这类问题时，这种窝内相关就无法被忽略，否则就会造成分析结果的偏差和谬误。

图 5-11　简单的二层数据模型结构示意

（二）多层统计分析模型的功能

在数据统计分析过程中，往往会存在一些多水平的分层结构数据，这些数据一般都存在组内同质性或组间异质性，表明组内观察数据不满足相互独立性。传统的多元线性回归分析的基本假设是线性、正态性、方差齐性和独立，事实上，后两个假设在嵌套的取样中很难成立。采用一般统计模型会增大多层结构数据参数标准误估计的偏离。但是，多层统计分析模型则不要求观察数据相互独立，因此可以避免因数据的非独立性引起的参数标准误估计的偏离。此外，通过多层模型分析还能够将结局测量中的变异分解成为组内变异和组间变异，因而还可剖析响应变量在高水平因素及低水平因素间的相对变异的情况。

多层统计分析模型是在方差分析的基础上建立起来的，适用于分级结构数据的统计分析。所谓分级结构，是指较低层次的单位嵌套于较高层次的单位之中。应用该模型能够解决以下问题：①确定哪些解释变量对结局变量发挥作用，分析影响程度大小；②研究高层次因素是否影响低层次因素，剖析影响程度大小；③分析低层次因素对相应变量的影响是否随高层次水平的不同而发生变化。

（三）多层统计分析模型建模步骤

首先，需要计算组内相关系数（intra-class correlation coefficient，ICC），确定数据类型是否适合采用多层统计分析模型。组内相关系数＝组间方差/（组内方差＋组间方差）；其中组内方差和组间方差可以根据建立的空模型，采用 SAS（one-way random effect ANOVA）计算，两水平空模型方程如下：

$$Y_{ij} = \gamma_{00} + u_{oj} + e_{ij} \text{（方程 1）}$$

其中，Y_{ij} 代表结局测量值，γ_{00} 代表总均数，u_{oj} 代表组间均值的变异，e_{ij}

代表残差。组内同质表明组间异质，如果某数据集的 ICC 统计不显著，该数据则采用多元回归模型，不需要多层模型分析；如果 ICC 统计显著，则应考虑对其进行多层模型分析。

其次，将高水平（水平 2）解释变量纳入空模型，用场景变量解释组间变异。纳入水平 2 场景变量后模型方程如下：

$$Y_{ij} = \gamma_{00} + \gamma_{01} X_{1j} + u_{oj} + e_{ij} \text{（方程 2）}$$

其中，Y_{ij} 代表结局测量值，γ_{00} 代表总均数，γ_{01} 代表场景变量 X_{1j} 斜率，u_{oj} 组间均值的变异，e_{ij} 代表残差。采用 SAS（Proc mixed method = REML covtest）查看该模型拟合过程迭代史，协方差参数估计，拟合统计量（-2 倍限制对数似然值：-2 Res Log Likelihood，-2LL；Akaike's 信息标准：Akaike's information criterion，AIC；有限样本校正 AIC：finite-sample corrected version of AIC，AICC；贝叶斯信息标准：Bayesian information Criterion，BIC），固定效应估计值以及 Ⅲ 型检验结果，根据上述信息可以确定一个场景变量是否对结局测量产生影响，从而确定模型中是否引入该变量。

再次，将低水平（水平 1）解释变量引入模型，引入多个水平 1 解释变量时，首先将这些变量视作固定效应，并且不考虑水平 1 和水平 2 的跨层交互作用，检验新模型拟合效果（以两个水平 1 解释变量为例）。纳入水平 1 解释变量后模型方程如下：

$$Y_{ij} = \gamma_{00} + \gamma_{01} X_{1j} + \beta_1 A_{1j} + \beta_2 B_{1j} + u_{oj} + e_{ij} \text{（方程 3）}$$

其中，Y_{ij} 代表结局测量值，γ_{00} 代表总均数，β_1 和 β_2 分别为水平 1 A_{1j} 和 B_{1j} 固定斜率，u_{oj} 组间均值的变异，e_{ij} 代表残差。采用 SAS（Proc Mixed）查看该模型拟合过程迭代史，协方差参数估计，拟合统计量固定效应估计值以及 Ⅲ 型检验结果，与方程 2 中迭代次数、-2LL、AIC、AICC 及 BIC 对比，确定新模型拟合效果。根据固定效应输出确定有显著影响的水平 1 解释变量。

然后，检验水平 1 随机斜率。上一过程中引入水平 1 解释变量时视为固定效应，但实际应用过程中不能事先知道所引入变量是否随机，需要对每一个引入变量的斜率及其是否存在交互作用进行检验。采用 SAS（Proc Mixed，TYPE = VC）进行探索性建模，根据结果输出的 G 矩阵及协方差参数估计来确定哪些水平 1 解释变量为随机效应或固定效应。

最后，检验水平 1 解释变量是否跨水平 2 变异。若在控制水平 2 场景变量的同时，水平 1 解释变量具有随机斜率，那么就需要对水平 1 随机斜率进行检验，确定其是否存在跨层交互作用。该过程可采用 SAS（Proc Mixed，MODEL 主效应 = 水平 2 场景变量 | 水平 1 随机斜率）完成，输出结果中可根

据信息标准统计量确定新模型拟合效果。

二、多层统计模型在种猪生产数据中的应用场景

由上述可知，多层统计模型处理的是具有分层结构的数据，它能够解决以下问题：①确定哪些解释变量对结局变量发挥作用，分析影响程度大小；②研究高层次因素是否影响低层次因素，剖析影响程度大小；③分析低层次因素对相应变量的影响是否随高层次水平的不同而发生变化。在母猪生产数据分析中，对于拥有多个猪场的集团化企业，一般可以设定猪场相关因素为高层次解释变量，设定母猪个体相关因素为低层次解释变量，从而建立两层次线性模型分析母猪产仔性能和断奶性能。在公猪生产数据分析中，对于一头公猪而言，精液数据属于多次度量数据，因此也可以建立猪场-公猪个体的两层次线性模型来剖析影响公猪精液品质的关键因素。关于这两部分内容，分别在本书第六章和第七章中用实例展示该方法的建模过程及结果解读。尽管多层统计模型在分析具有层次结构数据方面具有很多优势，然而关于该模型在种猪生产数据分析方面的应用相对较少。其原因可能在于：①常规营养研究受限于营养研究的特点，往往没有足够大的样本量或在营养研究中控制试验条件以排除品种、胎次、体况、来源、生产模式等的差异，使数据不具有层次特征；②数据信息搜集的难度和养猪生产模式制约了大生产数据被有效挖掘和分析；③数据的零散性、复杂性、不完整、欠规范都制约了多层次模型在数据分析中的应用。因此，数据收集的完整性及模型选择的科学性对于分析种猪生产数据至关重要。

Chapter

第六章

大数据分析在母猪生产中的应用

随着猪场集约化和规模化程度的提高，数据管理软件在母猪场的应用极大程度地实现了数据的采集、交换和分析，但这些数据大多仅仅用于记录猪群状况和进行绩效考评，未能被充分地分析和挖掘，这也导致大量有价值的信息流失。借助统计学理论、统计软件和大数据挖掘方法可以帮助我们对生产大数据进行预处理和深度分析。本章分别以母猪产仔性能、断奶性能、断奶后再配性能及 NPD 数据为分析对象，介绍不同统计模型在母猪繁殖性能数据分析中的应用。

第一节 母猪产仔性能分析

母猪产仔性能（主要包括总产仔数、产活仔数、健仔数、死胎数、木乃伊数及初生重）是影响规模化猪场经济效益的关键因素。产活仔数和健仔数直接影响断奶仔猪数，进而影响母猪 PSY；仔猪初生重则直接影响断奶重，进而影响保育和生长育肥期的生长速度。因此，提高母猪产仔性能对于提升猪场经济效益至关重要。应用统计学方法分析母猪产仔性能大数据是解决该问题的一条有效途径。然而，目前国内规模化企业一般建有多个母猪场，不同的猪场由于遗传、营养、环境、管理和疾病等方面的差异，导致相同片区或者相同猪场的母猪生产数据具有类聚性。一般线性模型（general linear model，GLM）在处理分层数据时会增加模型参数估计标准差的偏倚；多层泊松回归模型（multilevel poisson regression model，MPM）在处理离散变量时存在过离散风险及建模过程复杂的问题。本节内容以母猪总产仔数、产活仔数、健仔数和仔猪初生个体均重数据为例，探讨多层模型相比单层模型在处理分层数据时的优越性，以及多层线性模型（multilevel linear model，MLM）相比多层泊松回归模型在处理离散型变量时的可替代性。

一、母猪产仔性能数据的收集和整理

本节所用母猪产仔性能数据来源于华中地区某大型养殖企业下属 16 个猪场 2010—2012 年期间的生产数据。收集的原始数据应尽可能详尽，包括：以母猪分娩窝次为单位记录的分娩窝号、分娩日期、母猪耳号、母猪品种、分娩栋舍（栏）、母猪产仔记录（如总产仔数、产活仔数、健仔数、死胎数和木乃伊数）、仔猪初生个体均重，猪场层面的设备设施和管理特征数据（表 6-1）。收集的数据应经过预处理才能进入下一步分析工作，整理的过程主要包括删除记录有缺失的不完整数据、记录有错误的数据、不合理的数据，同时按母猪窝次进行了数据的合并整理。经整理，最终纳入分析的样本数为 61 984 条数据。

表 6-1　与仔猪初生性能相关的饲养管理水平评价标准

编号	评价标准	编号	评价标准
1	母猪发情鉴别准确	11	及时清除粪便，保证猪栏地面清洁
2	有科学的配种计划	12	猪舍内温湿度控制适宜
3	及时合理地配种并记录完整	13	猪舍内环境卫生状况良好
4	问题母猪的及时发现和治疗	14	配种操作严格按照 SOP 执行
5	合理申请问题母猪的淘汰	15	按流程转移待产母猪至分娩舍
6	公猪精液品质检查操作正确、记录完整	16	进出猪舍人员和物资执行生物安全管理程序
7	饲喂量符合饲喂推荐程序	17	空栏清洗彻底并消毒
8	定期体况评分或背膘厚测定，按标准调整饲喂量	18	母猪妊娠鉴别准确
9	集中定时喂料	19	返情母猪及时识别并采取合理措施
10	料槽清洁	20	饮水充足，水质达标

二、母猪产仔性能数据的统计分析方法

（一）变量定义

本示例中，结局变量包括总产仔数、产活仔数和健仔数三个离散型变量以及仔猪初生个体均重一个连续型变量。

解释变量分为低层次和高层次两个层次。低层次解释变量中主要为母猪层次相关的一些信息：母猪品种主要包括杜洛克母猪、长白母猪、大白母猪以及长大二元杂交母猪；胎次方面分为头胎、2～5 胎以及 6 胎以上母猪；根据研究期间止痢草精油的添加与否，将妊娠日粮分为妊娠日粮添加/不添加止痢草精油两组；考虑到湖北省和江苏省气候特点类似，根据母猪分娩月份划分为温和分娩季 2—5 月、炎热分娩季 6—9 月和寒冷分娩季 10 月至翌年 1 月；年份方面主要按照自然年区分为 2010 年、2011 年和 2012 年。

高层次解释变量主要为猪场层面信息："饲养管理水平"变量的评估依据

设定的 20 项考核标准，然后根据达标情况设定为好（＞15 项）、中（10～15 项）和差（＜10 项）三个等级；根据 16 个猪场母猪来源，将"母猪来源"变量定义为扩繁场 A 和扩繁场 B；根据 16 个猪场硬件条件和设施设备实际情况，分别将"地面类型"和"通风和温控"变量划分为全漏缝地板、半漏缝地板以及全封闭自动控制和半封闭式。

（二）数据分析

在本示例中，将对母猪总产仔数、产活仔数、健仔数和仔猪初生个体均重四个指标分别建立 GLM 模型、MPM 模型和 MLM 模型，所有建模过程均在 SAS 软件中完成（version 9.1.3；SAS Inst. Inc，Cary，NC，USA）。建立总产仔数、产活仔数、健仔数和仔猪初生个体均重的 GLM 模型时，调用的是 SAS 软件 PROC GLM 程序，考虑的解释变量包括高层次的管理水平、低层次的母猪妊娠日粮、母猪品种/杂交组合、胎次、生产年度和生产季节。模型公式如下：

$$Y_{jklmno} = \mu + M_j + G_k + B_1 + P_m + T_n + C_o + e_{jklmno}$$

其中，Y_{jklmno} 代表母猪总产仔数、产活仔数、健仔数和仔猪初生个体均重，M_j、G_k、B_1、P_m、T_n 和 C_o 分别代表管理水平、母猪妊娠日粮、母猪品种/杂交组合、胎次、生产年度和生产季节，e_{jklmno} 代表残差效应。

建立总产仔数、产活仔数、健仔数和仔猪初生个体均重的 MPM 模型时，调用的是 SAS 软件 PROC GLMMIX 和 PROC NLMIXED 程序。多层泊松回归模型的建模过程如下：

①计算泊松分布函数　公式如下：

$$Pr(Y = y) = \frac{\exp(\lambda - \lambda^y)}{y!} \quad y = 0, 1, 2, \cdots, n$$

其中，y 为结局变量测量值（计数值），λ 为 y 的期望值，表示结局测量所期望的发生次数。

②建立包含固定效应的泊松回归广义线性模型　公式如下：

$$\log(\lambda) = \eta = X\beta$$

其中，η 为连接函数，β 为变量的固定效应向量，X 为变量的固定效应协变量。

③建立多层泊松回归广义线性模型　公式如下：

$$\log(\lambda) = \eta = X\beta + ZU$$

其中，η 为连接函数，β 为猪场和个体层次解释变量固定效应向量，X 为猪场和个体层次解释变量固定效应的协变量，U 为猪场和个体层次随机效应向量，Z 为猪场和个体层次随机效应的协变量。

④离散调整　在泊松方差函数中加入离散参数或尺度因子：

$$\text{Var}(Y) = \varphi\mu$$

其中，φ 为离散参数，μ 为均值。当 $\varphi > 1$ 时为过离散；当 $\varphi < 1$ 时为欠离散；当 $\varphi = 1$ 时方差等于均值，即为常规的泊松分布。

建立总产仔数、产活仔数、健仔数和仔猪初生个体均重的 MLM 模型时，调用的是 SAS 软件 PROC MIXED 程序。建模步骤如下：

①计算组内相关系数 ICC　ICC 表示组间方差和总方差的比例，公式如下：

$$\text{ICC} = \sigma_b^2 / \sigma_b^2 + \sigma_w^2$$

其中，σ_b^2 表示组间方差，又称为组水平方差；σ_w^2 表示组内方差，又称为个体水平方差。

②分层引入解释变量拓展零模型　如果零模型检测结果显示数据存在显著组内相关，意味着该数据存在明显组间异质性，需要引入第二层级猪场层次解释变量来扩展零模型，以解释这种组间变异。之后再将第一层级母猪窝层次解释变量纳入模型中并检验其回归系数的随机性。按照 $P > 0.05$ 作为解释变量跨组变异方差统计不显著的标准，允许作为固定变量引入。本示例中，经检验后所引入的解释变量均为固定变量，引入两个层次变量后的完整模型一般表达式如下：

$$Y_{ij} = \gamma + \alpha X_{ij} + \mu_{0j} + e_{ij}$$

其中，γ 表示固定截距（固定效应），α 表示猪场和母猪窝层次的未知固定效应向量，X_{ij} 表示猪场和母猪窝层次固定效应协变量的向量，μ_{0j} 表示猪场随机效应协变量的向量，e_{ij} 表示母猪窝次残差效应项。

③两层次线性模型的筛选　采用逐步回归法先引入猪场层次相关影响因子，主要包括饲养管理水平、母猪来源、地面类型及通风和温控，通过 F 检验确定留在模型中的固定效应因子；然后采用相同步骤再引入母猪个体层次相关影响因子，主要包括母猪品种、胎次、分娩季、妊娠日粮类型和年份，通过 F 检验确定留在模型中的固定效应因子。与此同时，计算分层引入不同层次解释变量因子后的方差缩减比例，并通过比较 AIC、AICC、BIC 和 -2LL 筛选最优模型。建立的两层线性的终模型表达式如下：

$$y_{ij} = \gamma + \gamma_{01}w_{1j} + \gamma_{02}w_{2j} + \gamma_{11}x_{1ij} + \gamma_{12}x_{2ij} + \gamma_{13}x_{3ij} + \gamma_{14}x_{4ij} + \gamma_{15}x_{5ij} + \mu_j + e_{ij}$$

其中，y_{ij} 表示 i 批次和 j 猪场的结局测量，γ 表示固定截距（固定效应），

γ_{01}表示猪场层次的饲养管理水平固定效应，w_{1j}表示 j 猪场的饲养管理水平固定效应协变量，γ_{02}表示猪场层次的母猪来源固定效应（仅用于总产仔数模型），w_{2j}表示 j 猪场的母猪来源固定效应协变量（仅用于总产仔数模型），γ_{11}、γ_{12}、γ_{13}、γ_{14} 和 γ_{15} 分别代表母猪个体层次的品种、胎次、妊娠料、分娩季节和年份效应，x_{11}、x_{12}、x_{13}、x_{14} 和 x_{15} 分别代表母猪个体层次的品种、胎次、妊娠料、分娩季节和年份效应协变量，μ_j表示猪场层次的残差效应，e_{ij}表示母猪个体层次的残差效应。

三、母猪产仔性能数据的分析结果

（一）不同层级解释变量的定义及占比

本示例中，高层次猪场水平相关解释变量包括管理水平、母猪场来源、地板结构和通风类型。不同管理水平的猪场中，高管理水平猪场占比 31.25%、中等管理水平猪场占比 43.75%、低管理水平猪场占比 25.00%。16 个猪场的母猪主要来源于两个扩繁场，其中扩繁场 A 占比 56.25%、扩繁场 B 占比 43.75%。地板结构方面，全漏缝地板的猪场占比 56.25%、实体地板类型的猪场占比 68.75%。此外，水帘通风模式的猪场占比 81.25%、空气过滤模式的猪场占比 18.75%。低层次母猪个体相关解释变量的结果解读同上，在此不再赘述。不同层级解释变量的定义及占比具体结果见表 6-2。

表 6-2　猪场和母猪个体不同层级相关解释变量定义及占比

解释变量	分类和定义	占比（%）
猪场层次解释变量		
管理水平	高（>15 项）	31.25
	中（10~15 项）	43.75
	低（<10 项）	25.00
母猪场来源	扩繁场 A	56.25
	扩繁场 B	43.75
地板结构	全漏缝地板	31.25
	实体地板	68.75
通风类型	水帘通风	81.25
	空气过滤	18.75
母猪层次解释变量		

（续）

解释变量	分类和定义	占比（%）
母猪品种/杂交组合	杜洛克猪	7.69
	长白猪	11.54
	大白猪	26.92
	二元杂交母猪	53.85
母猪胎次	初产母猪	30.77
	经产母猪：2～5 胎	53.85
	经产母猪：≥6 胎	15.38
妊娠日粮	配方中添加止痢草精油	42.31
	配方中未添加止痢草精油	57.63
季节	温暖：2—5 月	34.62
	炎热：6—9 月	26.92
	寒冷：10 月至翌年 1 月	38.46
年度	2010	23.00
	2011	33.83
	2012	43.17

（二）多层线性模型与一般线性模型的比较

首先，为了判断是否需要使用多层模型，计算 ICC。结果显示，总产仔数、产活仔数、健仔数和仔猪初生个体均重数据的 ICC 分别为 0.278 9、0.238 8、0.246 6 和 0.222 7，该结果意味着总产仔数、产活仔数、健仔数和仔猪初生个体均重中分别有 27.89%、23.88%、24.66% 和 22.27% 的总变异是由猪场不同而引起的，这些数据存在很大程度的组内同质性。组间异质性的显著性检验结果显示，四个结局变量的 P 值均小于 0.05，说明 ICC 统计均达到显著水平，因此四个结局变量均应该使用多层模型进行分析。ICC 及显著性检验具体结果见表 6-3。

表 6-3　仔猪初生性能数据的协方差参数估计[1]

结局变量	随机参数	嵌套对象	零模型	
			估计值	P 值
离散变量				

（续）

结局变量	随机参数	嵌套对象	零模型	
			估计值	P 值
总产仔数	随机截距	猪场	1.169 7	0.031 7
	批次残差		3.024 3	<0.001
	ICC[2]		27.89%	
产活仔数	随机截距	猪场	0.740 0	0.031 4
	批次残差		2.358 5	<0.001
	ICC		23.88%	
健仔数	随机截距	猪场	1.132 8	0.031 3
	批次残差		3.461 0	<0.001
	ICC		24.66%	
连续变量				
仔猪初生个体均重	随机截距	猪场	0.001 549	0.031 3
	批次残差		0.005 407	<0.001
	ICC		22.27%	

注：[1]依据多层线性模型计算；
　　[2]ICC＝组内相关系数。

　　其次，计算引入猪场层次和母猪个体层次解释变量后模型剩余方差的变化情况。结果发现，在引入猪场层次和母猪个体层次解释变量后，总产仔数方差分别缩减了 26.06% 和 14.37%，产活仔数方差分别缩减了 16.05% 和 28.13%，健仔数方差分别缩减了 14.51% 和 33.05%，仔猪初生个体均重方差分别缩减了 14.81% 和 58.81%。由此可见，在分别引入猪场层次和母猪个体层次解释变量后模型的总方差变异均在减小，也就是说引入的变量能够解释总产仔数、产活仔数、健仔数和仔猪初生个体均重出现的变异。特别的，该结果也能够显示出猪场层次解释变量对总产仔数的影响更大，而母猪个体层次解释变量对产活仔数、健仔数和仔猪初生个体均重的影响更大（表 6-4）。

表 6-4　仔猪初生性能数据变异来源分析[1]

结局变量	方差	零模型	引入不同层次解释变量	
			猪场层次解释变量[3]	母猪个体层次解释变量[4]
离散变量				
总产仔数	总方差	4.194 0	3.346 5	2.498 3
	降低值	—[2]	0.847 5	0.602 7
	降低比例	—	20.21%	14.37%

（续）

结局变量	方差	零模型	引入不同层次解释变量	
			猪场层次解释变量[3]	母猪个体层次解释变量[4]
	总方差	3.098 5	2.601 3	1.729 5
产活仔数	降低值	—	0.497 2	0.871 8
	降低比例	—	16.05%	28.13%
	总方差	4.593 8	3.927 4	2.409 2
健仔数	降低值	—	0.666 4	1.518 2
	降低比例	—	14.51%	33.05%
连续变量				
	总方差	0.006 956	0.005 926	0.001 835
仔猪初生个体均重	降低值	—	0.001 03	0.002 551
	降低比例	—	14.81%	58.81%

注：[1]依据多层线性模型计算；

[2]"—"表示该处没有测定值；

[3]猪场层级解释变量包括管理水平和母猪场来源（总产仔数）；

[4]母猪个体层级解释变量包括母猪品种/杂交组合、胎次、妊娠日粮配方、年度和季节。

最后，运用限制性极大似然法分别计算总产仔数、产活仔数、健仔数和仔猪初生个体均重四个指标 GLM 模型和多层模型的 AIC 和 BIC，然后根据 AIC 和 BIC 最小原则筛选最优模型。结果显示，四个仔猪初生性能指标 GLM 模型的 AIC 和 BIC 数值均显著低于多层模型。例如，总产仔数的多层模型中 AIC 为 34 957，BIC 为 34 978，显著低于 GLM 模型中 AIC 的 35 015 和 BIC 的 35 017（表 6-5）。该结果说明多层模型相较于一般线性模型更适合分析具有分层结构的仔猪初生性能数据。需要说明的是，当分析单个猪场，或者不具有分层结构的初生性能数据时，则不适宜采用多层模型。

表 6-5　仔猪初生性能数据 GLM 模型和多层模型的拟合优度

结局变量	模型比较	模型估计方法[2]	拟合优度[3]		LR 检验[4]	
			AIC	BIC	χ^2	P 值
离散变量						
总产仔数	GLM[1]	REML[5]	35 015	35 017	63.7	<0.001
	多层模型		34 957	34 978		
产活仔数	GLM	REML	32 699	32 701	168.4	<0.001
	多层模型		32 537	32 558		

（续）

结局变量	模型比较	模型估计方法[2]	拟合优度[3]		LR 检验[4]	
			AIC	BIC	χ^2	P 值
健仔数	GLM	REML	35 636	35 638	53.2	<0.001
	多层模型		35 589	35 610		
连续变量						
仔猪初生个体均重	GLM	REML	−21 749	−21 747	198.1	<0.001
	多层模型		−21 942	−21 921		

注：[1]GLM 表示一般线性模型；

[2]一般线性模型和多层线性模型参数估计方法相同；

[3]AIC 表示赤池信息准则，BIC 表示贝叶斯信息准则；

[4]LR 表示似然比检验；

[5]REML 表示限制性极大似然估计。

（三）多层线性模型与多层泊松回归模型的比较

为了优化具有分层结构的离散数据的分析过程以及避免出现过离散的问题，接下来继续探讨在处理分层结构的离散数据时多层线性模型替代多层泊松回归模型的可行性。首先运用 SAS 软件的 PROC GLIMMIX 程序获得了完整模型的 Pearson 残差，以便事先了解结局变量的离散程度。结果表明，总产仔数、产活仔数和健仔数均表现为欠离散，即 Pearson 残差小于 1。经过纳入欠离散尺度因子后，总产仔数、产活仔数和健仔数 Pearson 残差接近于 1，说明其表现为常规的泊松分布（表 6-6）。然后再通过显著性检验对比多层线性模型和多层泊松回归模型，结果发现两种模型统计结果基本相同（表 6-7），因此可以应用多层线性模型来分析具有分层结构的产仔性能数据。

表 6-6　总产仔数、产活仔数和健仔数中纳入离散尺度因子前后 Pearson 残差

结局变量	纳入离散尺度因子前		纳入离散尺度因子后	
	均值	Pearson 残差	均值	Pearson 残差
离散变量				
总产仔数	−0.000 025 611	0.246 437 8	9.668 25E−06	0.999 158
产活仔数	−0.000 047 608	0.204 388 2	−0.000 011 158	0.999 158
健仔数	−0.000 120 624	0.333 974 6	−0.000 019 953	0.999 158

表 6-7　总产仔数、产活仔数和健仔数的 MPM 和 MLM 模型的显著性

项目		猪场层次	母猪个体层次				
		管理水平	妊娠日粮	品种	胎次	年度	季节
总产仔数							
MPM[1]	F 值	7.38	0.01	20.82	92.68	42.67	8.25
	P 值	0.045 7	0.949 8	<0.001	<0.001	<0.001	0.003 1
MLM[2]	F 值	7.34	0.01	23.98	95.08	41.04	9.68
	P 值	0.045 8	0.939 3	<0.001	<0.001	<0.001	0.005 6
产活仔数							
MPM	F 值	7.63	4.82	16.17	124.25	62.50	6.48
	P 值	0.043 1	0.159 2	<0.001	<0.001	<0.001	0.012 3
MLM	F 值	7.13	5.32	18.21	127.10	59.79	5.29
	P 值	0.048	0.147 5	<0.001	<0.001	<0.001	0.022 5
健仔数							
MPM	F 值	26.2	26.38	7.59	60.30	85.61	14.41
	P 值	0.005	0.035 9	0.004 2	<0.001	<0.001	<0.001
MLM	F 值	24.18	30.83	8.62	62.38	73.68	11.68
	P 值	0.005 8	0.030 9	0.002 5	<0.001	<0.001	0.001 5

注：[1]MPM 表示多层泊松回归模型；

　　[2]MLM 表示多层线性模型。

综上所述，同一企业不同猪场母猪产仔性能数据可能存在组内同质性，因此不能采用单层线性模型的方法来分析。此时多层模型有更小的 AIC 和 BIC，所以具有更好的拟合优度，因此相较于一般线性模型更适合分析具有分层结构的产仔性能数据。此外，多层线性模型和多层泊松回归模型在分析具有分层结构的离散变量时具有相似的显著性检验结果，在处理和分析具有分层结构的离散变量时可以替代多层泊松回归模型。

第二节　用多层线性模型分析仔猪断奶性能

断奶性能主要包括断奶仔猪数和断奶重，其中仔猪哺乳期死亡率是决定断奶仔猪数的关键因素。影响仔猪哺乳期死亡率的因素有很多，包括母猪胎次、营养、初乳量和应激状态，仔猪性别、初生重和活力，以及分娩舍设施和饲养管理等。仔猪断奶重与上市终体重呈显著正相关，一般认为仔猪断奶重多100g，上市体重会增加 1～2kg。因此，剖析仔猪哺乳期死亡率和断奶重的影

响因素对于提升规模化猪场的养殖效益具有重要意义。由于同一企业不同猪场仔猪哺乳期死亡率和断奶重数据一般具有分层结构，因此我们以本章第一节内容中建立的多层线性模型来分析本节的仔猪哺乳期死亡率和断奶重。

一、仔猪断奶性能数据的收集和整理

本节所用仔猪断奶前死亡率和断奶个体均重数据来源于第一节，增加了仔猪断奶个体均重〔由于是批次数据，因此本节示例中以仔猪断奶个体均重（average weaning weight，AWW）、哺乳期仔猪死亡数、断奶日期和死亡日期数据为例〕。经过排除部分异常数据和批次断奶要求进行了数据的合并整理。经整理，共计 1 671 批次的数据用于分析仔猪断奶前死亡率，有 2 281 批次的数据用于分析 AWW。

二、仔猪断奶性能数据的统计分析方法

（一）变量定义

本示例中，结局变量包括仔猪断奶前死亡率和断奶个体均重两个指标。需要指出的是，在分析之前首先对仔猪断奶前死亡率数据进行了正态性检验，结果该指标不符合正态分布，因此对该指标进行了平方根转化。经转化后的仔猪断奶前死亡率数据符合正态分布，因此以转化后的仔猪断奶前死亡率进行后续分析，用 SQRM（square root of mortality，SQRM）表示。AWW：批次内，仔猪断奶总重量/断奶仔猪数。

解释变量分为低层次和高层次两类。低层次解释变量中主要包括：仔猪初生重和哺乳期长短，这两个解释变量属于连续型变量，在分析时采用原始记录的数据；根据研究期间止痢草精油的添加与否，将泌乳日粮分为泌乳日粮添加/不添加止痢草精油两组；年度方面，分析 SQRM 的数据为 2010、2011 和2012，分析 AWW 的数据为 2009、2010、2011 和 2012、2013；考虑到湖北省和江苏省气候特点类似，根据母猪分娩月份划分为温和分娩季 2—5 月、炎热分娩季 6—9 月和寒冷分娩季 10 月至翌年 1 月。

高层次解释变量主要包括：饲养管理水平，根据"饲养管理水平"变量的评估依据设定的 30 项考核标准（表 6-8），然后根据达标情况设定为好（＞22项）、中（15～22 项）和差（＜15 项）三个等级；根据 16 个猪场母猪来源，将"母猪来源"变量定义为扩繁场 A 和扩繁场 B；根据 16 个猪场硬件条件和

设施设备实际情况，分别将"地面类型"和"通风和温控"变量划分为全漏缝地板、半漏缝地板以及全封闭自动控制和半封闭式。此外，与第二节分析产仔性能相比，本节在分析 SQRM 和 AWW 指标时增加了对饲养仔猪数量的记录，即<400 头、400～600 头和>600 头。

表 6-8   仔猪断奶前死亡率和断奶重的饲养管理水平评价标准

编号	评价标准	编号	评价标准
1	训练仔猪固定乳头	16	对病弱仔猪和病母猪的特别关心和照料
2	弱仔猪优先旺乳的指定与调教	17	病猪治疗设备的清毒与清洗
3	多出仔猪及时合理的寄养	18	有病仔猪和病母猪的详细诊疗信息（病历）
4	仔猪及时补水、补铁、补硒	19	保证仔猪保温箱温度适宜
5	仔猪及时开食补料	20	每天检查窗户和通风状况
6	仔猪及时剪犬齿和段尾	21	保持对栏舍"贼风"的关注
7	防母猪挤压仔猪	22	每天检查水质，保证饮水的清洁卫生
8	经常对母猪乳房进行清洗、消毒、按摩	23	每天检查饮水器是否通畅
9	关注母猪的泌乳变化情况	24	每天检查饲喂器状况
10	对发生乳腺炎的母猪及时采取措施治疗	25	每天检查栏舍地板状况
11	有仔猪和母猪的合理免疫程序	26	每天巡检母猪和仔猪健康状态
12	完整的仔猪和母猪免疫接种剂量记录	27	将死仔猪或死母猪及时移走
13	及时发现和治疗病仔猪和病母猪	28	与兽医时刻保持紧密沟通
14	完整的病仔猪和病母猪治疗记录	29	每天清扫栏舍，保持卫生
15	关注病仔猪和病母猪的安全用药及用药量	30	人员车辆进出猪场消毒

（二）统计模型

在本示例中，根据第一节建立的方法，将对 SQRM 和 AWW 建立多层线性模型。两个指标的模型表达式分别如下：

SQRM：$y_{ij} = \gamma + \gamma_{01}w_{1j} + \gamma_{11}x_{1ij} + \gamma_{12}x_{2ij} + \gamma_{13}x_{3ij} + e_{1ij}\varepsilon_{1ij} + e_{2ij}\varepsilon_{2ij} + e_{3ij}\varepsilon_{3ij}$

AWW：$y_{ij} = \gamma + \gamma_{01}w_{1j} + \gamma_{11}x_{1ij} + \gamma_{12}x_{2ij} + \gamma_{13}x_{3ij} + \gamma_{14}x_{4ij} + \gamma_{15}x_{5ij} + \mu_j$
$\qquad + e_{1ij}\varepsilon_{1ij} + e_{2ij}\varepsilon_{2ij} + e_{3ij}\varepsilon_{3ij}$

其中，y_{ij} 表示 i 批次和 j 猪场的结局测量（SQRM 和 AWW），γ 表示固

定截距（固定效应），γ_{01}表示猪场层次的饲养管理水平固定效应，w_{1j}表示j猪场的饲养管理水平固定效应协变量，γ_{11}表示批次层次的母猪料止痢草精油处理固定效应，x_{1ij}表示批次层次的母猪料止痢草精油处理固定效应协变量，γ_{12}表示年度固定效应，x_{2ij}表示年度固定效应协变量，γ_{13}表示季节固定效应，x_{3ij}表示分娩季固定效应协变量，γ_{14}表示批次层次的初生重固定效应，x_{4ij}表示批次层次的初生重固定效应协变量，γ_{15}表示批次层次的断奶日龄固定效应，x_{5ij}表示批次层次的断奶日龄固定效应协变量，μ_j表示猪场层次的残差效应，ε_{1ij}、ε_{2ij}和ε_{3ij}表示季节1、2、3，e_{1ij}、e_{2ij}和e_{3ij}表示对应于季节1、2和3的残差效应。

三、仔猪断奶性能数据的分析结果

（一）判别多层模型的适用性

在多层模型分析中一般先运行零模型来计算ICC，其目的是了解是否需要引入第2层次的变量来解释第1层次的回归系数，并考察第2层次变量对第1层次变量的影响程度。SQRM的ICC结果为0.551 0/（0.551 0 + 0.789 3）= 0.41，AWW的ICC结果为0.204 2/（0.204 2 + 0.498 6）= 0.29。该结果说明在SQRM和AWW中分别有41%和29%的总变异由猪场不同而引起。此外，两个结果变量的P值检验分别达到0.016 9和0.004 6，说明ICC统计均显著，因此SQRM和AWW数据均应使用多层模型进行分析（表6-9）。

表 6-9　SQRM 和 AWW 的 ICC 及显著性检验结果

随机参数	嵌套对象	SQRM[1]				AWW[2]			
		零模型[3]		终模型[4]		零模型		终模型	
		估计值	P值	估计值	P值	估计值	P值	估计值	P值
截距	猪场	0.551 0	<0.05	0.274 0	0.117 1	0.204 2	<0.01	0.034 7	0.059 6
批次	残差	0.789 3	<0.000 1	0.515 7	<0.000 1	0.498 6	<0.000 1	0.081 3	<0.000 1

注：[1]SQRM 表示平方根转化后的仔猪断奶前死亡率，下同；
　　[2]AWW 表示仔猪断奶均重，下同；
　　[3]零模型表示不含解释变量的模型，下同；
　　[4]终模型表示多层次条件异方差模型，下同。

（二）构建用于 SQRM 和 AWW 分析的模型

采用逐步回归法逐步引入两个层次的解释变量，然后根据 AIC 和 BIC 判断模型的拟合优度，筛选最优模型。由结果可知，SQRM 和 AWW 从零模型到模型 1（只纳入猪场层次解释变量的模型），然后从模型 1 到模型 2（纳入两个层次解释变量的多层线性模型），最后再由模型 2 到终模型（多层次条件异方差模型），两个指标的各模型中 AIC 和 BIC 逐渐减小，并且终模型的 AIC 和 BIC 最小，这说明终模型拟合效果最佳（表 6-10）。

表 6-10　多层次不同模型拟合度比较

结局变量[1]	对比模型[2]	模型估计方法[3]	拟合度统计量[4]		LR 法检验[5]	
			AIC	BIC	χ^2	P 值
SQRM	零模型	ML	4 384.4	4 384.6	14.7	0.000 1
	模型 1	（随机效应相同）	4 369.7	4 369.8		
	模型 1	ML	4 369.7	4 369.8	38.2	<0.000 1
	模型 2	（随机效应相同）	4 325.1	4 325.2		
	模型 2	REML	4 313.7	4 313.9	44.2	<0.000 1
	终模型	（固定效应相同）	4 274.5	4 274.8		
AWW	零模型	ML	4 926.1	4 926.3	8.4	0.003 8
	模型 1	（随机效应相同）	4 917.7	4 917.8		
	模型 1	ML	4 917.7	4 917.8	4 078.5	<0.000 1
	模型 2	（随机效应相同）	839.2	839.4		
	模型 2	REML	835.6	835.9	31.0	<0.000 1
	终模型	（固定效应相同）	808.6	808.9		

注：[1]SQRM 表示平方根转化后的仔猪断奶前死亡率，AWW 表示仔猪断奶个体均重；
　　[2]零模型表示不含解释变量的模型，模型 1 表示只纳入猪场层次解释变量的模型，模型 2 表示纳入两个层次解释变量的多层线性模型，终模型表示多层次条件异方差模型；
　　[3]ML 表示极大似然估计，REML 表示限制性极大似然估计；
　　[4]AIC 表示赤池信息准则，BIC 表示贝叶斯信息准则；
　　[5]LR 表示似然比检验。

（三）SQRM 和 AWW 的多层线性模型分析结果

SQRM 的多层线性模型分析结果显示，饲养管理水平会显著影响 SQRM（$P<0.01$），相较于高管理水平猪场，中等管理水平和低管理水平猪场 SQRM 分别上升了 1.623 1 和 1.382 9（$P<0.01$）。仔猪在 6—9 月比在 2—5 月和 10 月至翌年 1 月出生时的 SQRM 值分别降低了 0.138 8 和 0.262 4（$P<0.05$），说明在 6—9 月炎热季节仔猪的成活率更高。此外，与泌乳日粮未添加止痢草精油的猪场相比，泌乳日粮添加止痢草精油的猪场 SQRM 降低 0.646 9（表 6-11）。

表 6-11　SQRM 的多层线性模型分析结果[1]

解释变量	P 值	变量水平	系数	SE	95％置信区间		
					下限	上限	P 值
固定效应							
截距	＜0.0001		1.35	0.16	0.95	1.75	＜0.001
		高	1.62	0.20	1.10	2.15	＜0.001
管理水平	＜0.01	中	1.38	0.18	0.91	1.86	＜0.001
		低	0				
泌乳日粮[2]	＜0.05	NEO	0.65	0.13	0.08	1.21	＜0.05
		EO	0				
年度	＜0.01	2010	−0.91	0.15	−1.31	−0.52	＜0.01
		2011	−0.20	0.05	−0.33	−0.07	＜0.05
		2012	0				
季节	＜0.000 1	2—5 月	0.14	0.06	0.00	0.28	＜0.05
		6—9 月	0				
		10 月至翌年 1 月	0.26	0.05	0.15	0.38	＜0.001

解释变量	95％置信区间		
	SD	下限	上限
随机效应			
水平 2：猪场	0.52	0.27	0.78
水平 1：批次	0.72	0.69	0.74
方差函数（函数＝1 季节）			
季节 1：2—5 月	1.41	1.32	1.54
季节 2：6—9 月	1.00	—	—
季节 3：10 月至翌年 1 月	1.12	1.08	1.23

注：[1]SQRM 表示平方根转化后的仔猪断奶前死亡率；
　　[2]NEO 表示泌乳日粮未添加止痢草精油，EO 表示泌乳日粮添加止痢草精油。

AWW 的多层线性模型分析结果显示，饲养管理水平会对 AWW 产生显著影响（$P < 0.05$），相较于高管理水平猪场，中等管理水平和低管理水平猪场 AWW 别下降了 0.736 1 和 0.525 5（$P < 0.01$）。仔猪在 2—5 月比在 6—9 月和 10 月至翌年 1 月出生时的 AWW 值分别提高了 0.154 8 和 0.171 4（$P < 0.01$）。与泌乳日粮未添加止痢草精油的猪场相比，泌乳日粮添加止痢草精油的猪场 AWW 提高了 0.486 6（$P < 0.01$）。此外，仔猪初生重、哺乳期长短和年度均会显著影响 AWW，在此不再赘述结果（表 6-12）。

表 6-12　AWW 的多层线性模型分析结果[1]

解释变量	P 值	变量水平	系数	SE	95%置信区间		
					上限	上限	P 值
固定效应							
截距	<0.0001		−3.54	0.26	−4.12	−2.78	<0.000 1
		高	−0.74	0.17	−1.18	−0.29	<0.01
管理水平	<0.05	中	−0.53	0.17	−0.97	−0.08	<0.05
		低	0				
仔猪初生重	<0.0001		6.35	0.18	5.99	6.70	<0.000 1
泌乳日粮[2]	<0.01	NEO	−0.49	0.04	−0.67	−0.31	<0.01
		EO	0				
		2009	0.11	0.05	<0.01	0.22	<0.05
		2010	0.10	0.05	−0.01	0.21	0.082 2
年度	<0.05	2011	−0.04	0.02	−0.09	0.01	0.108 1
		2012	−0.02	0.02	−0.06	0.01	0.170 6
		2013	0				
		2—5 月	0.15	0.01	0.12	0.19	<0.000 1
季节	<0.0001	6—9 月	0				
		10 月至翌年 1 月	−0.02	0.02	−0.05	0.02	0.333 5

解释变量	95%置信区间		
	SD	下限	上限
随机效应			
水平 2：猪场	0.19	0.10	0.28
水平 1：批次	0.29	0.28	0.29
方差函数（函数＝1 季节）			
季节 1：2—5 月	1.15	1.01	1.35
季节 2：6—9 月	1		
季节 3：10 月至翌年 1 月	1.04	0.91	1.26

注：[1]SQRM 表示平方根转化后的仔猪断奶前死亡率；

　　[2]NEO 表示泌乳日粮未添加止痢草精油，EO 表示泌乳日粮添加止痢草精油。

综上所述，与产仔性能数据类似，同一企业不同猪场母猪断奶性能数据也可能存在组内同质性，可以通过计算 ICC 和进行显著性检验来判断不同猪场奶性能数据的结构。当 ICC 较小且显著性检验不显著时，可以采用一般统计模型进行分析；而当 ICC 较大且显著性检验达到显著水平后，宜采用多层统计模型进行分析。

第三节　母猪断奶-再配种性能分析
（Logistic 回归模型）

母猪断奶后至下一次再配种阶段的饲养管理也会对母猪繁殖性能产生影响。该阶段涉及两个关键的生产指标，即断奶发情间隔（weaning-to-estrus interval，WEI）和 7d 断配率（weaning-to-estrus rate within 7 day，WER_{7d}）。由于 WEI 和 WER_{7d} 会通过影响母猪非生产天数对年生产胎次产生重要影响，而且可能还与母猪的淘汰密切相关，进而影响母猪的终身使用年限。因此，为了提高母猪的繁殖效率，生产管理者期望缩短母猪 WEI，提高母猪 WER_{7d}。

一、母猪断奶-再配种性能数据的收集和整理

本示例所用数据来源于我国西南地区某公司 26 个加系母猪场 2016 年 7 月至 2019 年 3 月期间的生产数据，主要包括配种记录表数据和分娩记录表数据。记录的主要信息包括母猪品种与杂交组合、胎次、分娩背膘、产仔日期、断奶日期、断奶背膘厚、断奶仔猪数和再配种日期等信息。此外，收集的数据信息中还包括与猪场管理水平相关的信息（评价标准参考本章第二节内容）以及各猪场妊娠日粮营养水平。剔除空白记录项及断奶和配种日期错误的数据后，最终得到了 180 916 条有效分娩数据。

二、母猪断奶-再配种性能数据的统计分析方法

（一）变量定义

本示例中，需要解释 WEI、WER_{7d}、猪场管理水平和猪场类型四个变量的含义。WEI 是指上一胎断奶到下一胎发情的时间间隔。WER_{7d} 是指上一胎断奶后 7d 内再次发情的母猪头数与断奶母猪总头数的比值。猪场管理水平进行评判后分为"低""中""高"三类。猪场类型主要包括"优化模式场"和"功能纤维场"两类，26 个猪场中有 20 个场采取优化模式管理（即妊娠期母猪按"高低高"的饲喂模式）进行测膘被称为"优化模式场"；另外 6 个场在采取优化模式的基础上妊娠日粮配方中使用了功能性纤维，称为"功能纤维场"。

（二）统计模型

本示例中，所有数据整理工作在 Excel 2016 中完成，数据分析工作在 SAS 9.4 软件中完成。首先计算每个猪场 WER_{7d}，基于 26 个场 WER_{7d} 的上、下四分位数（quartile），将猪场分为 7 个高 WER_{7d} 场（$WER_{7d} \geqslant 87.99\%$）、12 个普通 WER_{7d} 场（$78.23\% < WER_{7d} < 87.99\%$）和 7 个低 WER_{7d} 场（$\leqslant 78.23\%$）。然后对 WER_{7d} 进行 Logistic 回归分析，主要过程如下：①变量及样本量的筛选。首先采用多重共线性模型筛选变量（$|r| > 0.7$），诊断存在共线性的变量需从终模型中剔除；其次通过单因素分析初步筛选影响 WER_{7d} 的显著因素。样本量筛选时，总的样本量应保持是自变量的 5 倍以上，观测结局变量不能低于总样本量的 15%。②建立二元 Logistic 回归模型。首先将单因素分析中 P 值 <0.10 的自变量纳入二元 Logistic 回归中，以免漏掉潜在的影响因素；然后运用前向回归法对单因素分析达到显著水平的因素进行建模，变量筛选标准设定为 $P < 0.05$；最后通过 Hosmer-Lemeshow 检验来确定模型的拟合优度。本研究中 Logistic 回归模型的公式如下：

$$Logit（P）= \beta_0 + \beta_a A + \beta_b B + \beta_c C + \beta_d D + \beta_e E + \beta_f F + \beta_g G$$

其中，β_0 为常量，A、B、C、D、E、F 和 G 分别表示品种、断奶胎次、带仔头数、哺乳期长短、断奶季节、猪场管理水平和营养技术措施的因素，β_a（包括 4 个哑变量）、β_b（包括 3 个哑变量）、β_c（包括 5 个哑变量）、β_d（包括 4 个哑变量）、β_e（包括 4 个哑变量）、β_f（包括 3 个哑变量）和 β_g（包括 3 个哑变量）分别表示每个哑变量的斜率。母猪 WER_{7d} 相关因素分析的变量名称与变量定义见表 6-13。

表 6-13　母猪 WER_{7d} 相关因素分析的变量名称与变量定义

项目	变量名称	变量定义
结局变量	WER_{7d}	$WER_{7d} > 7$ d$=0$；$WER_{7d} < 7$ d$=1$
解释变量	品种/杂交组合	杜洛克猪$=1$；大白猪$=2$；长大猪$=3$；长白猪$=4$
	胎次	$1 \sim 2$ 胎$=1$；$3 \sim 6$ 胎$=2$；$\geqslant 7$ 胎$=3$
	断奶背膘厚	$\leqslant 11$ mm$=1$；$12 \sim 14$ mm$=2$；$15 \sim 16$ mm$=3$；$\geqslant 17$ mm$=4$
	带仔头数	$\leqslant 7=1$；$8 \sim 9=2$；$10 \sim 11=3$；$12 \sim 13=4$；$\geqslant 14=5$
	哺乳期长短	$\leqslant 13$ d$=1$；$14 \sim 21$ d$=2$；$22 \sim 28$ d$=3$；$\geqslant 29$ d$=4$
	断奶季节	春（3/4/5）$=1$；夏（6/7/8）$=2$；秋（9/10/11）$=3$；冬（12/1/2）$=4$
	猪场管理水平	低$=1$；中$=2$；高$=3$
	营养技术措施	普通养殖场$=1$；优化模式场$=2$；添加功能性纤维场$=3$

三、母猪断奶-再配种性能数据的分析结果

(一) 单因素分析筛选 WER$_{7d}$ 的影响因素

在建立多因素 Logistic 回归模型之前应该对每个解释变量进行单因素分析，用来筛选能够进入下一步分析的显著因素。在本例中，母猪品种、断奶胎次、带仔头数、哺乳期长短、断奶季节、猪场管理水平和营养技术措施对母猪 WER$_{7d}$ 有显著影响（$P < 0.01$）。其中，背膘厚的数据记录不完整，差异不显著，因此没有纳入二元 Logistic 回归中。

(二) 多因素 Logistic 回归模型分析 WER$_{7d}$ 的影响因素

经过单因素筛选的解释变量，可以运用前向回归法建立 WER$_{7d}$ 的 Logistic 回归模型。结果显示，母猪品种、胎次、带仔头数、哺乳期长短、季节、管理水平和营养技术措施均会显著影响 WER$_{7d}$（$P < 0.05$）。我们可以根据 OR 的大小来判定某个影响因素下的亚分类变量相较于参考值是"风险因素"还是"保护因素"，然后根据 P 值/95％置信区间判断该"风险因素"或"保护因素"是否达到显著水平。例如，在不同的营养技术措施下，母猪的 WER$_{7d}$ 显著提高（$P < 0.01$）。优化模式场（OR：1.759；95％CI：1.691～1.830）和功能性纤维场（OR：1.632；95％CI：1.558～1.708）的母猪 WER$_{7d}$ 比普通养殖场的 WER$_{7d}$ 高。其他解释变量对 WER$_{7d}$ 的影响结果与营养技术措施的解读类似，在此不再一一赘述。WER$_{7d}$ 的 Logistic 回归模型分析结果见表 6-14。

表 6-14　母猪 WER$_{7d}$ 相关因素二元 Logistic 回归分析

因素		估计值	SE	OR[1]	95％置信区间	P 值
	截距	−1.774	0.096	0.170		< 0.01
	杜洛克猪	—[2]				
品种	大白猪	0.066	0.082	1.068	0.910～1.255	0.419
	长大二元猪	0.121	0.082	1.128	0.961～1.325	0.140
	长白猪	0.189	0.083	1.208	1.027～1.421	0.023
	1～2	—				
断奶胎次	3～6	0.285	0.013	1.330	1.296～1.365	< 0.01
	≥7	0.402	0.033	1.494	1.401～1.593	< 0.01

（续）

因素		估计值	SE	OR[1]	95%置信区间	P 值
带仔头数	≤7	—				
	8~9	0.109	0.041	1.115	1.030~1.208	0.007
	10~11	0.097	0.035	1.102	1.028~1.180	0.006
	12~13	0.115	0.035	1.122	1.047~1.203	<0.01
	≥14	−0.049	0.197	0.665	0.452~0.977	0.038
哺乳期长短	≤13	—				
	14~21	2.535	0.040	12.621	11.667~13.653	<0.01
	22~28	2.514	0.040	12.348	11.417~13.355	<0.01
	≥29	2.312	0.052	10.094	9.117~11.176	<0.01
断奶季节	春（3/4/5）	—				
	夏（6/7/8）	−0.170	0.019	0.843	0.812~0.876	<0.01
	秋（9/10/11）	−0.113	0.019	0.893	0.860~0.928	<0.01
	冬（12/1/2）	−0.301	0.018	0.740	0.714~0.768	<0.01
猪场管理水平	低	—				
	中	0.660	0.014	1.935	1.883~1.988	<0.01
	高	1.079	0.025	2.942	2.800~3.092	<0.01
营养技术措施	普通养殖场	—				
	优化模式场	0.565	0.020	1.759	1.691~1.830	<0.01
	功能性纤维场	0.490	0.023	1.632	1.558~1.708	<0.01

注：[1]OR 表示似然比；
　　[2]"—" 表示参考值。

综上所述，母猪 7d 断配率是生产中的关键记录指标之一，它会受到多种因素的共同影响。在数据分析工作中，我们可以运用 Logistic 回归模型剖析影响 7d 断配率的潜在因素。如在该示例中，我们发现母猪品种、胎次、带仔头数、哺乳期长短、季节、管理水平和营养技术措施均会显著影响 7d 断配率。其他企业管理者可以参考该方法，结合自身记录数据的实际情况来分析其他可能影响母猪 7d 断配率的关键因素。

第四节　母猪非生产天数分析

母猪 PSY 由每窝断奶仔猪数和年产胎次构成，每窝断奶仔猪数取决于产仔数和仔猪断奶前死亡率；而年生产胎次取决于妊娠期和泌乳期的长短以及非生产天数（non-productive days，NPD）。一般而言，母猪妊娠期和泌乳期的长短是相对固定的，而 NPD 成为制约年生产胎次的关键因素，所以 NPD 是养猪生产中过程中一个非常重要的综合评价指标。NPD 延长不仅会降低母猪的年生产胎次和 PSY，还会增加饲料成本、管理成本和种猪成本。因此，猪场必须重视繁殖母猪群的饲养管理，缩短母猪 NPD。

一、母猪非生产天数数据的收集和整理

本示例所用数据来源与本章第三节相同。

二、母猪非生产天数数据的统计分析方法

（一）指标计算公式

本示例中，主要关注的指标包括空怀率、返情率、流产率、分娩率、WEI 和 NPD，其相应的计算公式如下：

母猪配种空怀率＝空怀母猪头数/配种母猪头数×100%；

母猪配种返情率＝返情母猪头数/配种母猪头数×100%；

母猪配种流产率＝流产母猪头数/配种母猪头数×100%；

母猪配种分娩率＝分娩母猪头数/配种母猪头数×100%；

WEI 是指上一胎断奶到下一胎发情的时间间隔；

群体 NPD＝WEI×分娩率＋返情天数×返情率＋空怀天数×空怀率＋流产天数×流产率＋死亡与淘汰损失天数×死淘率。

（二）统计模型

本示例中，所有的数据整理工作在 Excel 2013 中完成，数据分析工作在 SAS 9.4 软件中完成。分别基于该公司各猪场空怀率、返情率、流产率和分娩率的上、下四分位数，将猪场划分为高、中、低三个等级。不同等级猪场 NPD 的差异采用单因素方差分析（PROC GLM），以 $P < 0.05$ 为显著水平，$P < 0.01$ 为极显著水平表示。

NPD 的多重线性回归模型建模步骤主要分为两步：第一步是对 WEI、空怀天数、返情天数、流产天数和死亡与淘汰损失天数变量进行共线性诊断（PROC REG），一般以容差（tolerance）大于 0.2 来判断变量之间不存在共线

性，可以进入到下一步分析；第二步是对不存在共线性的变量进行标准化回归，其方法是调用 SAS 软件的 PROC REG 程序，同时需要 stb 语句进行标准化参数的计算。多重线性回归模型的公式如下：

$$Y = \beta_0 + \beta_1 X_1 + \beta_2 X_2 + \beta_3 X_3 + \beta_4 X_4 + \beta_5 X_5$$

其中，Y 为因变量，β_0 为常数项，X_1、X_2、X_3、X_4 和 X_5 分别表示自变量 WEI、空怀天数、返情天数、流产天数和死亡与淘汰损失天数，β_1、β_2、β_3、β_4 和 β_5 为各自变量的回归系数。

三、母猪非生产天数数据的分析结果

（一）空怀率、返情率、流产率和分娩率对 NPD 的影响

分析讨论群体水平不同率对 NPD 的影响。低空怀率场的母猪 NPD 比高空怀率场的母猪 NPD 短 21.21d，分娩率低 10.94 个百分点；低返情率场的母猪 NPD 比高返情率场的母猪 NPD 短 11.72d，分娩率低 11.49 个百分点；流产率和分娩率对 NPD 的影响结果解读与空怀率和返情率类似（图 6-1）。

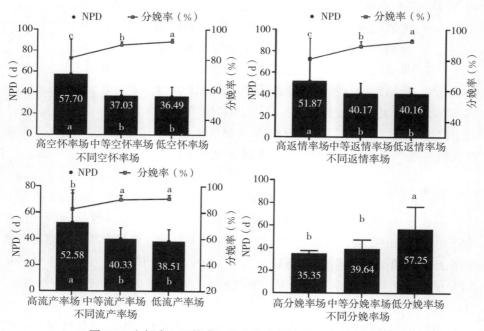

图 6-1   空怀率、返情率、流产率和分娩率对 NPD 的影响

注：a、b、c 字母不同表示差异显著（$P < 0.05$）。

（二）母猪 NPD 多重线性回归分析结果

共线性诊断以容差大于 0.2 作为变量间不存在共线性的标准。表 7-21 显示，WEI、空怀天数、返情天数、流产天数及死亡和淘汰损失天数的容差均大于 0.2（0.956 3~0.997 3），说明各组成部分之间相互独立，可进行后续多重线性回归分析。

多重线性回归结果显示，WEI、空怀天数、返情天数、流产天数及死亡和淘汰损失天数的系数分别为 0.996 4、0.994 9、0.990 7、1.000 2 和 0.997 4，并且各回归系数经显著性检验后均达到显著水平，因此可建立如下 NPD 回归方程：

$$Y = -0.032\ 0 + 0.996\ 4X_1 + 0.994\ 9X_2 + 0.990\ 7X_3 + 1.000\ 2X_4 + 0.997\ 4X_5$$
$$(R^2 = 0.999\ 8,\ P < 0.01)$$

其中，X_1、X_2、X_3、X_4 和 X_5 分别表示 WEI、空怀天数、返情天数、流产天数和死亡与淘损失天数。

此外，为探讨 NPD 各部分构成因素中对 NPD 影响最大的因素，我们计算了 NPD 各部分构成的标准化回归参数。结果发现，NPD 各部分构成的标准化回归参数由高到低顺序依次为：死亡与淘汰损失天数（0.761 0）、WEI（0.441 3）、空怀天数（0.319 9）、流产天数（0.318 8）和返情天数（0.278 3）。由此可知，死亡与淘汰损失天数对 NPD 的影响最大，WEI 次之，其他构成依次为空怀天数、流产天数和返情天数（表 6-15）。

表 6-15　多重线性回归分析母猪的 NPD

变量	自由度	回归系数	标准误差	t	P 值	标准化参数
截距	1	−0.032 0	0.002 2	−14.55	<0.01	
WEI	1	0.996 4	0.000 1	6 170.13	<0.01	0.441 3
空怀天数	1	0.994 9	0.000 2	4 567.42	<0.01	0.319 9
返情天数	1	0.990 7	0.000 3	3 961.12	<0.01	0.278 3
流产天数	1	1.000 2	0.000 2	4 549.33	<0.01	0.318 8
死亡与淘汰损失天数	1	0.997 4	0.000 1	10 711.0	<0.01	0.761 0

综上所述，WEI、空怀天数、返情天数、流产天数及死亡和淘汰损失天数是 NPD 的主要组成部分，这些指标延长或缩短会直接影响 NPD。多重线性回归模型可以用来分析 NPD 的构成，并且通过标准化回归系数确定不同组成部分对 NPD 的影响强弱。

Chapter

7

第七章

大数据分析在公猪生产中的应用

公猪养殖在整个养猪产业链中占有举足轻重的地位。随着猪人工授精技术的推广和应用，出现了专业化的猪人工授精站，将优秀公猪集中饲养来生产优质精液。在人工授精站的生产管理中，公猪种用年限缩短是目前面临的重要问题，严重制约了优秀公猪繁殖效率，损害了人工授精站的经济效益。造成公猪提前淘汰的因素主要包括遗传选育、精液品质差、肢蹄病及性欲差。根据上述生产性状数据的分布特征，建立合理的统计方法，可以剖析出影响公猪生产问题的关键因素。

第一节　公猪种用年限分析

公猪种用年限的长短是影响猪人工授精站生产力和经济效益的关键指标。该指标可以用公猪在群生产时间来表示，目前主要有两种表现形式，即种公猪在群的天数和种公猪在群的月数。无论哪种形式，公猪种用年限数据均为连续型变量，可以采用 GLM 模型剖析影响种用年限的关键因素。

一、公猪种用年限数据的收集和整理

（一）数据来源

本示例以华南地区某大型养殖企业下属 9 个猪人工授精中心 2013 年 1 月至 2016 年 5 月期间淘汰公猪数据为例。这些猪人工授精中心公猪存栏量介于 50～1 000 头，饲养品种主要包括杜洛克、长白和大白猪 3 个品种。各中心内所有公猪主要引自 10 个供种猪场。饲养模式采用大栏和定位栏两种模式，其中有 7 个猪人工授精中心使用大栏饲养模式，另外 2 个采用定位栏饲养模式。所有猪人工授精中心均采用金蝶软件系统记录公猪生产数据。

（二）数据收集及筛选标准

记录信息主要包括：猪人工授精中心名称、公猪耳号、淘汰原因、引种月龄和供种猪场。满足包含完整信息记录及引种月龄介于 5～12 月龄的淘汰公猪数据最终被纳入分析模型中。

（三）种用年限定义及淘汰原因分类

本部分研究中将种用年限以公猪在群生产时间表示；引种月龄以公猪引种进站时的年龄表示。公猪淘汰原因按照原始记录分类后主要包括肢蹄病、精液品质差、疾病、应激死亡、性欲差、高龄、睾丸异常、射精量少和体况异常 9 种类型。公猪淘汰信息收集表如表 7-1 所示。

表 7-1　公猪淘汰信息收集表

猪场名称	公猪耳号	公猪品种	公猪品系	出生日期	引种日期	栏位类型	来源场	淘汰日期	淘汰原因

二、公猪种用年限数据的统计分析方法

种用年限数据分析结果以最小二乘均数和标准误表示。该部分所有分析程序均用 SAS 软件完成（version 9.4；SAS Inst. Inc Cary，NC）。不同淘汰原因比例采用卡方检验进行显著性分析。种用年限数据分析前，首先采用 Shapiro-Wilk（PROC UNIVARIATE）和 F 检验（PROC ANOVA）分别对种用年限数据进行正态性和方差齐性检验。两种检验结果 P 值分别为 0.269 3 和 0.317 4，这表明种用年限数据同时符合正态性及方差齐性，可以用于一般线性模型分析。

在本研究考虑的 5 种影响因素中，既包含可控因素（公猪品种、饲养模式、供种猪场和引种月龄），同时也包含不可控因素（淘汰原因）。因此，首先需要采用逻辑回归模型（PROC LOGISTIC）分析公猪品种、饲养模式、供种猪场和引种月龄 4 种可控因素对公猪淘汰原因的影响。为满足模型分析中可控因素样本量，将精液品质差和射精量少整合为一组（poor semen quality and low semen volume，PS），将疾病、应激和死亡整合为一组（diseases，stress and death，DSD），将肢蹄病（lameness，LA）和高龄（old age，OA）分别单分为一组，将性欲差、睾丸异常及体况异常整合为一组（others，OT）。此外，将引种月龄介于 10～12 月龄的淘汰公猪信息整合为一组。其次，采用一般线性模型分析 4 种可控因素（模型 1）和 4 种可控及 1 种不可控因素（模型 2）对公猪种用年限的影响。两种线性模型公式如下：

$$Y_{klmn} = \mu_1 + B_k + T_l + S_m + M_n + e_{klmn} \quad (\text{模型 1})$$

$$Y_{jklmn} = \mu_2 + R_j + B_k + T_l + S_m + M_n + e_{jklmn} \quad (\text{模型 2})$$

其中，Y_{klmn}（模型 1）代表第 k 个品种、l 种饲养模式、m 个供种猪场和 n 引种月龄的公猪淘汰月龄，而 Y_{jklmn}（模型 2）代表第 j 种淘汰原因、k 个品种、l 种饲养模式、m 个供种猪场和 n 引种月龄的公猪淘汰月龄，μ_1 和 μ_2 分别代表两种模型中的总体平均值，R_j 代表淘汰原因效应（$j=1$，2，3，4，5），B_k 代表品种效应（$k=1$，2，3），T_l 代表饲养模式效应（$l=1$ 和 2），S_m 代表供种猪场效应（$m=1$，…，10），M_n 代表引种月龄效应（$n=5$，…，10～12），e_{klmn} 和 e_{jklmn} 分别代表两种模型中的随机误差向量。所有统计分析过程显著性水平设定为 $P<0.05$ 为显著，$P<0.01$ 为极显著。

三、公猪种用年限数据的分析结果

（一）公猪淘汰原因

公猪不同淘汰原因比例及显著性检验结果见表 7-2。由表 7-2 可知，因高龄原因淘汰的公猪所占比例仅为 5.1%。在 94.9% 的非正常原因淘汰公猪中，肢蹄病、精液品质差和疾病的淘汰比例分别为 36.3%、28.0% 和 9.0%，显著高于其他淘汰比例（$P<0.05$），表明了这 3 种原因是导致该公司公猪淘汰的主要原因。

表 7-2　公猪淘汰原因

淘汰原因[1]	n	%	淘汰原因间差异[2]								
			LA	PS	DI	SD	PL	OA	TA	LS	BA
LA	591	36.3		***	***	***	***	***	***	***	***
PS	456	28.0			***	***	***	***	***	***	***
DI	147	9.0				***	***	***	***	***	***
SD	95	5.8					NS	NS	*	*	***
PL	89	5.5						NS	NS	*	***
OA	83	5.1							NS	0.10	***
TA	70	4.3								NS	***
LS	64	3.9									**
BA	35	2.1									
合计	1 630	100									

注：[1]LA=肢蹄病，PS=精液品质差，DI=疾病，SD=应激死亡，PL=性欲差，OA=高龄，TA=睾丸异常，LS=射精少，BA=体况异常；

[2]NS 表示差异不显著，* 表示显著水平 $P<0.05$；** 表示显著水平 $P<0.01$；*** 表示显著水平 $P<0.001$。

（二）影响公猪淘汰原因的因素

品种、饲养模式、供种猪场和引种月龄对公猪淘汰原因的影响结果见表 7-3 和表 7-4。公猪品种、饲养模式和供种猪场 3 个因素对公猪的淘汰原因均具有显著影响。与杜洛克公猪相比，大白公猪 LA 和 OT 比值比显著高于 OA（$P<0.05$）；与大栏模式饲养公猪相比，定位栏饲养模式公猪 LA、PS 和 OT 比值比显著高于 OA（$P<0.05$）；引种月龄方面，与 5 月龄引种公猪相比，10～12 月龄引种公猪 LA、DSD 和 OT 比值比显著高于 OA（$P<0.05$）。一般线性模型分析结果表明，淘汰原因、引种月龄、饲养模式、公猪品种及供种猪场能够显著影响公猪种用年限。

表 7-3　逻辑回归模型Ⅲ型检验结果

影响因素	自由度	WaldX^2	P 值
品种	8	30.521 8	0.000 2
饲养模式	4	8.386 2	0.078 4
供种猪场	20	30.267 2	0.275 6
引种月龄	40	108.170 5	<0.000 1

表 7-4　逻辑回归模型分析可控因素对公猪淘汰原因的影响

影响因素	因素对比	淘汰原因对比[4]	点估计	95%置信区间		P 值
				下限	上限	
品种	Y vs D[1]	LA vs OA	3.909	1.931	7.915	<0.01
品种	Y vs D	OT vs OA	2.582	1.202	5.547	<0.05
饲养模式	IP vs IS[2]	LA vs OA	0.252	0.072	0.885	<0.05
饲养模式	IP vs IS	PS vs OA	0.273	0.077	0.965	<0.05
饲养模式	IP vs IS	OT vs OA	0.181	0.05	0.655	<0.01
引种月龄	10～12 vs 5[3]	LA vs OA	5.039	1.516	16.745	<0.05
引种月龄	10～12 vs 5	DSD vs OA	8.241	2.188	31.034	<0.05
引种月龄	10～12 vs 5	OT vs OA	6.29	1.645	24.056	<0.05
引种月龄	10～12 vs 9	LA vs OA	1.009	0.402	2.53	<0.05
引种月龄	10～12 vs 9	PS vs OA	1.836	0.323	2.166	<0.05

注：[1]D=杜洛克猪，L=长白猪，Y=大白猪；
[2]IP=大栏模式，IS=定位栏模式；
[3]5、6、7、8、9 和 10=引种月龄；
[4]LA=肢蹄病，PS=精液品质差，DSD=疾病、应激和死亡，OA=高龄，OT=其他原因。

（三）品种对种用年限的影响

公猪品种对种用年限的影响结果见表 7-5 和表 7-6。模型 1 和模型 2 分析结果均表明杜洛克公猪种用年限显著短于长白公猪（$P<0.01$）。然而，模型1分析结果表明杜洛克公猪种用年限显著短于大白公猪（$P<0.05$），模型2中二者差异不显著（$P>0.05$）。

表 7-5　公猪品种对种用年限的影响（模型 1）

品种[1]	样本数	种用年限（月龄）	标准误	品种间差异[2]		
				D	L	Y
D	576	16.5	0.74		***	*
L	724	18.5	0.71			NS
Y	330	18.4	0.72			

注：[1]D＝杜洛克猪，L＝长白猪，Y＝大白猪；

[2]NS 表示差异不显著，*** 表示显著水平 $P<0.001$，* 表示显著水平 $P<0.05$。

表 7-6　公猪品种对种用年限的影响（模型 2）

品种[1]	样本数	种用年限（月龄）	标准误	品种间差异[2]		
				D	L	Y
D	576	18.1	0.75		***	0.10
L	724	19.9	0.71			NS
Y	330	19.3	0.76			

注：[1]D＝杜洛克猪，L＝长白猪，Y＝大白猪；

[2]NS 表示差异不显著，*** 表示显著水平 $P<0.001$。

（四）饲养模式对公猪种用年限的影响

大栏实体地板和定位栏全漏缝地板是华南地区公猪养殖采用的 2 种主要饲养模式。如图 7-1 所示，两种模型分析结果均发现，定位栏全漏缝地板饲养模式下公猪种用年限较大栏实体地板饲养模式短（$P<0.001$）。这可能与定位栏饲养限制公猪活动，导致公猪性欲降低或患肢蹄病的风险增加有关。

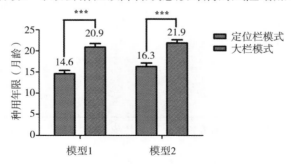

图 7-1　饲养模式对公猪种用年限的影响（模型 1 和模型 2）

注：*** 表示显著水平 $P<0.001$。

（五）引种月龄对公猪种用年限的影响

由表 7-7 和表 7-8 可知，公猪在 9 月龄引种前种用年限逐渐延长，10 月龄后引种，其种用年限开始下降。5 月龄和 6 月龄引种的公猪（占比 44.6%），其种用年限显著短于 8 月龄和 9 月龄引种的公猪（$P<0.05$）。这表明，过早引种是导致公猪淘汰的主要原因，并对公猪种用年限产生不利影响。这可能是由于过早引种会降低公猪性欲，并对后续的性欲产生损害作用。另外，两种模型分析结果显示，7 月龄和 10~12 月龄引种的公猪，其种用年限与 5、6、8和 9 月龄引种的公猪差异不显著（$P>0.05$）。这表明，8 月龄引种最有利于公猪繁殖潜能的发挥，延长种用年限。

表 7-7　引种月龄对公猪种用年限的影响（模型 1）

引种月龄	样本量	比例（%）	种用年限（月龄）	标准误	引种月龄间差异[1]					
					5	6	7	8	9	10~12
5	235	14.4	16.7	1.21		NS	NS	*	*	NS
6	493	30.2	17.3	1.05			NS	**	*	0.07
7	404	24.8	18.4	1.08				*	*	NS
8	240	14.7	19.0	1.17					NS	NS
9	117	7.2	19.1	1.36						NS
10~12	141	8.7	18.1	1.83						

注：[1]NS 表示差异不显著，* 表示显著水平 $P<0.05$，** 表示显著水平 $P<0.01$。

表 7-8　引种月龄对公猪种用年限的影响（模型 2）

引种月龄	样本数	比例（%）	种用年限（月龄）	标准误	引种月龄间差异[1]					
					5	6	7	8	9	10~12
5	235	14.4	17.6	1.16		NS	NS	*	*	NS
6	493	30.2	17.8	1.00			0.09	**	*	NS
7	404	24.8	19.0	1.03				*	*	NS
8	240	14.7	20.3	1.11					NS	NS
9	117	7.2	20.4	1.30						NS
10~12	141	8.7	18.7	1.24						

注：[1]NS 表示差异不显著，* 表示显著水平 $P<0.05$，** 表示显著水平 $P<0.01$。

（六）供种猪场对公猪种用年限的影响

由表 7-9 和表 7-10 可知，供种猪场对公猪种用年限具有显著影响（$P<$

0.001）。供种猪场Ⅰ和Ｊ所供公猪的种用年限显著长于其他供种猪场所供公猪（P＜0.05）。模型1和模型2中，10个供种猪场所供公猪种用年限最大相差分别为22.6个月和20.3个月。此外，模型1中，供种猪场H所供公猪的种用年限显著长于供种猪场D、E和F所供公猪（P＜0.05）；然而在模型2中则差异不显著（P＞0.05）。

表 7-9　供种猪场对公猪种用年限的影响（模型 1）

供种猪场	样本量	种用年限（月龄）	标准误	供种猪场间差异[1]									
				A	B	C	D	E	F	G	H	I	J
A	190	13.0	0.99		NS	0.07	*	**	***	***	***	***	***
B	134	13.7	1.15			NS	NS	*	**	**	***	***	***
C	68	15.8	1.36				NS	NS	NS	NS	*	***	***
D	57	16.4	1.67					NS	NS	NS	*	***	***
E	97	17.0	1.28						NS	NS	*	***	***
F	556	17.0	1.73							NS	**	***	***
G	159	17.9	1.03								NS	***	***
H	198	19.8	0.97									***	***
I	41	29.1	1.81										***
J	130	35.6	1.12										

注：[1]NS表示差异不显著，* 表示显著水平 P＜0.05，** 表示显著水平 P＜0.01，*** 表示显著水平 P＜0.001。

表 7-10　供种猪场对公猪种用年限的影响（模型 2）

供种猪场	样本量	种用年限（月龄）	标准误	供种猪场间差异[1]									
				A	B	C	D	E	F	G	H	I	J
A	190	14.7	1.30		NS	0.06	**	***	***	***	***	***	***
B	134	15.8	0.95			NS	NS	*	**	**	***	***	***
C	68	17.4	1.09				NS	NS	NS	NS	*	***	***
D	57	17.8	1.60					NS	NS	NS	NS	***	***
E	97	18.7	1.21						NS	NS	NS	***	***
F	556	18.7	1.69							NS	0.09	***	***
G	159	19.4	0.98								NS	***	***
H	198	20.4	0.94									***	***
I	41	28.0	1.74										***
J	130	35.0	1.09										

注：[1]NS表示差异不显著，* 表示显著水平 P＜0.05，** 表示显著水平 P＜0.01，*** 表示显著水平 P＜0.001。

（七）淘汰原因对公猪种用年限的影响

由表7-11可知，仅有5.1%的公猪属于正常淘汰，且它们的种用年限显著长于因其他非正常原因淘汰的公猪（$P<0.001$）。因其他非正常原因淘汰的公猪，其种用年限不足20个月，较正常淘汰的公猪至少缩短12.3个月（$P<0.001$）。此外，因DSD淘汰的公猪种用年限仅为14.9个月，这一结果提示DSD是1～2周岁公猪发生淘汰的主要原因，应引起养殖者的高度重视。

表7-11　淘汰原因对公猪种用年限的影响（模型2）

淘汰原因[1]	样本量	种用年限（月龄）	标准误	淘汰原因间差异[2]				
				OT	DSD	LA	PS	OA
OT	258	13.6	0.92		NS	***	***	***
DSD	242	14.9	1.00			***	***	***
LA	591	17.7	0.87				NS	***
PS	456	18.4	0.88					***
OA	83	30.7	1.31					

注：[1]OT=其他，DSD=疾病、应激和死亡，LA=肢蹄病，PS=精液品质差，OA=高龄；
　　[2]NS表示差异不显著，***表示显著水平$P<0.001$。

第二节　公猪精液品质分析

公猪精液品质的优劣直接影响与配母猪的繁殖性能。然而，每年因精液品质差而被淘汰的公猪比例高达21%，成为公猪淘汰的3大主要原因之一。因此，分析公猪精液品质的影响因素是改善其精液品质、延长种用年限的重要前提。公猪精液生产数据是多次度量数据，具有显著的类聚性和组内同质性特征，传统的重复测量方差分析方法可能忽略了数据重复性的问题，增加了模型参数估计标准差的偏倚。本节将通过采用线性发展模型，探讨饲养模式、公猪品种、月龄、采精季节及引种月龄对公猪精液品质的影响，并以此为例讲述线性发展模型在公猪精液品质数据分析中的应用。

一、公猪精液品质数据的收集和整理

（一）数据来源

本示例以华南地区一家大型农牧企业下属的9个猪人工授精中心的公猪为调研对象，各中心的公猪存栏量介于50～1 000头，饲养品种主要包括杜洛克、长白和大白猪 3 个品种。各中心内所有公猪主要引自 10 个供种猪场。饲养模式主要包括大栏模式和定位栏模式，其中有 7 个猪人工授精中心采用大栏饲养模式，另外 2 个采用定位栏饲养模式。所有调研的猪人工授精中心均采用金蝶软件系统记录公猪生产数据。

（二）猪精液不可用分类标准

根据收集数据记录，将公猪精液不可用原因分为：原生质、杂质、粘连、卷尾、密度低、活力差、死精、无精、颜色异常和原精少 10 类。

（三）数据选择标准

根据所采集数据的特点，结合实际生产和统计需要，设定以下筛选标准：①选取引种猪场完整记录的数据；②选取射精量介于 $50\sim600$ mL 的数据；③选取密度介于 $(0\sim10)\times10^8$ 个/mL 的数据；④淘汰处于调教阶段公猪的猪精液数据；⑤选取引种月龄介于 $5\sim12$ 月龄且有档案记录的数据。依据以上原则，最终确定 2013 年 1 月至 2016 年 5 月期间共 174 208 次采精记录供统计分析使用。

二、公猪精液品质数据的统计分析方法

猪精液弃用比例采用卡方检验进行显著性分析。根据猪精液采集数据记录，影响因素主要包括猪场（2 种饲养模式）、供种猪场、员工、公猪品种、月龄、采精季节和引种月龄。其中，将猪场效应设定为高水平（水平 2）上的固定效应，将供种猪场和员工设定为高水平上的随机效应；相对的，将公猪品种、月龄、采精季节和引种月龄效应设定为低水平（水平 1）上的固定效应。基于上述分层标准，建立 2 个水平的多层统计分析模型。建模主要步骤如下：①首先运行空模型，计算组内相关系数（intraclass correlation coefficient，ICC），若 ICC 统计检验显著，则建立随机截距发展模型；②逐一引入水平 1 变量（公猪品种、月龄、采精季节和引种月龄），将统计检验显著的影响因素纳入模型；③引入水平 2 变量（饲养模式）；④在模型中控制个体背景协变量；⑤设定残差方差/协方差结构；⑥在模型中纳入时间变化协变量。所有分析程序均由 SAS 软件（version 9.2；SAS Inst. Inc Cary，NC）完成。参数估计方法采用限制最大似然估计法（restricted maximum likelihood method，REML），残差方差/协方差结构设定为 UN。在评估模型优劣时，主要采用 3

种参数：Akaike's 信息标准、有限样本校正 AIC 和贝叶斯信息标准。根据上述步骤运行后，最终模型如下：

$$Y_{ij} = \beta_{00} + \beta_{01} var1 + \beta_{02} var2 + \beta_{03} var3 + \beta_{04} var4 + \beta_{05} var4 \times var4 + \beta_{06} var5 + (u_{0j} + e_{ij})$$

其中，Y_{ij} 为研究对象在水平 2 单位 j 的第 i 次的结局测量，β_{00} 和 β_{01} 分别代表控制水平 2 解释变量 $var1$ 后的结局测量平均初始水平和平均变化率，系数 β_{02}、β_{03}、β_{04}、β_{05} 和 β_{06} 是解释变量 $var2 \sim var5$ 的回归斜率分别解释水平 2 和水平 1 结局测量的初始水平和变化率在两水平间的变化率，$var1$ 代表猪场，$var2$ 代表公猪品种，$var3$ 代表公猪月龄，$var4$ 代表采精月份，$var5$ 代表引种月龄。（$\beta_{00} + \beta_{01} var1 + \beta_{02} var2 + \beta_{03} var3 + \beta_{04} var4 + \beta_{05} var4 \times var4 + \beta_{06} var5$）为模型中固定效应，（$e_{ij} + u_{0j}$）为模型中随机效应成分，该模型中指代水平 2 中的供种猪场和员工效应。

三、公猪精液品质数据的分析结果

（一）精液弃用原因

猪精液弃用原因的显著性检验结果见表 7-12。由表 7-12 可知，在最终分析的 174 208 次精液生产记录中，共有 20 688 次生产的公猪精液不可用。记录的 10 种弃用原因两两间比例差异均极显著（$P < 0.001$）。不同原因间淘汰率由高到低顺序依次为：原生质 ＞杂质 ＞粘连 ＞卷尾 ＞密度低 ＞活力差 ＞死精 ＞无精 ＞颜色异常 ＞原精少。

表 7-12 公猪精液弃用原因

项目[1]	样本量	比例（%）	PPD	IMP	AGG	CT	LC	PM	NZS	AZS	CA	LV
PPD	6 747	32.5		***	***	***	***	***	***	***	***	***
IMP	4 902	23.6			***	***	***	***	***	***	***	***
AGG	4 237	20.4				***	***	***	***	***	***	***
CT	3 488	16.8					***	***	***	***	***	***
LC	2 460	11.8						***	***	***	***	***
PM	1 124	5.4							***	***	***	***
NZS	471	2.3								**	***	***

（续）

项目[1]	样本量	比例（%）	不同原因间比例差									
			PPD	IMP	AGG	CT	LC	PM	NZS	AZS	CA	LV
AZS	385	1.9									***	***
CA	190	0.9										***
LV	100	0.5										
总计	20 688[2]											

注：[1]PPD＝原生质，IMP＝杂质，AGG＝粘连，CT＝卷尾，LC＝密度低，PM＝活力差，NZS＝死精，AZS＝无精，CA＝颜色异常，LV＝原精少；

[2]由于有些公猪精液不可用的原因有多种，所以记录不可用次数小于各种原因的总计次数；

*** 表示显著水平 $P < 0.001$。

（二）模型检测

尽管之前已有研究者采用一般线性模型和混合线性模型讨论了公猪品种、采精季节和采精间隔对精液品质的影响，但是忽略了猪精生产数据的纵向性特征，导致模型参数估计的标准差增大。由于本部分研究采集的数据具有纵向性特征，因此考虑采用多层统计分析模型中的线性发展模型研究潜在因素对精液品质的影响。组内相关系数统计结果发现，射精量、精液密度、精子活力、畸形率、精液总精子数和有效精子数的 ICC 分别为 0.38、0.62、0.61、0.60、0.54 和 0.70（表 7-13），表明采集数据存在组内同质性/组间异质性，适合采用多层统计分析模型（表 7-14）。

表 7-13　精液品质参数的组内相关系数

项目[1]	变异来源			
	组内变异	组间变异	总变异	组内相关系数
VO	2 220.00	1 356.02	3 576.02	0.38
NO$_T$	261.44	159.68	421.12	0.62
NO$_C$	182.92	119.21	302.13	0.61
CO	4 168.21	2 721.74	6 889.95	0.60
MO	64.96	55.13	120.09	0.54
AB	44.24	19.13	63.37	0.70

注：[1]VO＝射精量，NOT＝总精子数，NOC＝有效精子数，CO＝精液密度，MO＝精子活力，AB＝精子畸形率。

表 7-14 固定效应的 Ⅲ 型检验

项目	精液品质（P 值）[1]					
	VO	NO_T	NO_C	CO	MO	AB
水平 2						
饲养模式	<0.05	<0.05	<0.05	<0.05	<0.05	<0.05
水平 1						
品种	<0.001	<0.001	<0.001	<0.001	<0.001	<0.001
月龄	<0.001	<0.001	<0.001	<0.001	<0.001	<0.001
季节	<0.001	<0.001	<0.001	<0.001	<0.001	<0.001
引种月龄	<0.001	<0.001	<0.001	<0.001	<0.001	<0.001

注：[1] VO＝射精量，NOT＝总精子数，NOC＝有效精子数，CO＝精液密度，MO＝精子活力，AB＝精子畸形率。

（三）饲养模式对精液品质影响

饲养模式对公猪精液品质的影响结果见表 7-15。由表 7-15 可知，空气过滤的恒温控制猪舍有利于改善公猪精液品质。这可能与空气过滤后进入栏舍使细菌污染减少及恒温条件降低了公猪的应激反应有关。

表 7-15 不同饲养模式下公猪精液品质

项目	饲养模式		混合标准误	P 值
	传统型	空气过滤型		
采精次数	108 784	65 424		
射精量（mL）	173.86	177.04	2.00	<0.05
精子密度（10^6个/mL）	279.3	273.6	2.82	<0.05
精子活力（%）	83.6	83.8	0.39	0.469
精子畸形率（%）	12.5	12.0	0.24	<0.05
每次射精总精子数（×10^9个）	47.2	48.5	0.69	<0.05
每次射精有效精子数（×10^9个）	35.4	36.4	0.59	<0.05

（四）品种对精液品质的影响

不同品种公猪精液品质结果见表 7-16。由表 7-16 可知，不同品种公猪产精能力由低到高依次为杜洛克、长白和大白猪。

表 7-16　不同品种公猪精液品质

项目	品种[1]			混合标准误	P 值[2]		
	D	L	Y		D vs L	D vs Y	L vs Y
公猪数量（头）	1 020	1 178	490				
射精次数	56 670	82 360	33 378				
平均射精次数	56	70	68				
射精量（mL）	153.6	183.8	189.4	2.55	***	***	***
精子活力（%）	83.7	83.8	83.7	0.49	NS	NS	NS
精子畸形率（%）	12.9	12.0	11.8	0.30	***	***	NS
精子密度（10^6个/mL）	291.7	279.7	258.2	3.49	***	***	***
每次射精总精子数（$\times 10^9$个）	44.4	50.7	48.5	0.86	***	***	***
每次射精有效精子数（$\times 10^9$个）	33.1	38.3	36.6	0.73	***	***	***

注：[1]D＝杜洛克猪，L＝长白猪，Y＝大白猪；

　　[2]NS 表示差异不显著，*** 表示显著水平 $P < 0.001$。

（五）公猪月龄对精液品质影响

不同月龄公猪精液品质结果见表 7-17。由表 7-17 可知，6 种精液品质参数一次效应和二次效应均达到显著水平（$P < 0.001$）。公猪产精能力呈现出"升高—稳定—降低"的变化趋势：射精量、精液总精子数和有效精子数于30.2～38.5 月龄间达到峰值，18 月龄后精子活力达到最佳并处于稳定状态；而 47 月龄后精子畸形率开始升高。这些结果提示，公猪月龄显著影响其繁殖力。

表 7-17　公猪月龄对精液品质的影响

项目[1]	一次项系数	P 值	二次项系数	P 值	最佳月龄
VO	6.118 6	<0.001	−0.101 3	<0.001	30.2
CO	0.161 9	<0.001	−0.002 1	<0.001	38.5
MO	0.113 0	<0.001	−0.003 1	<0.001	18.2
AB	0.055 8	<0.001	−0.000 6	<0.001	46.5
NO_T	2.163 9	<0.001	−0.028 7	<0.001	37.7
NO_C	1.155 6	<0.001	−0.022 4	<0.001	34.1

注：[1]VO＝射精量，NOT＝总精子数，NOC＝有效精子数，CON＝精液密度，MO＝精子活力，AB＝精子畸形率。

（六）采精季节对精液品质的影响

公猪不同季节精液参数变化规律如图 7-2 所示。采精月份对公猪 6 种精液参数均具有显著影响。公猪射精量、精液总精子数和有效精子数变化规律相似：5—9 月公猪常规精液产量低于其他月份，并且于 6 月达到最低。月份对精子活力也有影响：6—9 月公猪精液精子活力低于其他月份；而精子畸形率随月份变化不明显。

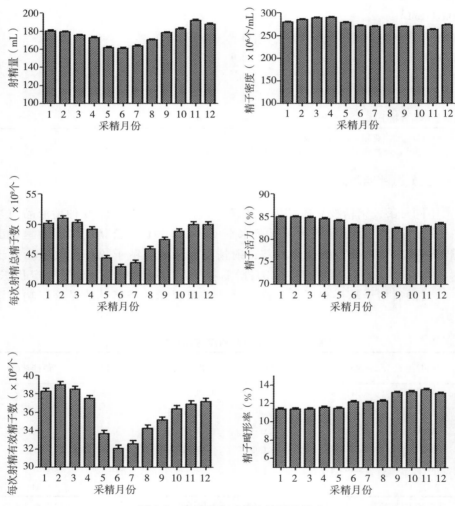

图 7-2　季节效应对精液品质的影响

(七)引种月龄对精液品质的影响

不同引种月龄公猪精液品质结果见表 7-18。由表 7-18 可知，8 月龄是公猪最佳引种月龄，该月龄引种能够提高公猪后续繁殖力，延长种用年限。

综上所述，多层统计分析模型适合处理具有纵向特征的分层数据，当 ICC 统计显著时，须考虑采用该模型。统计设定的两水平因素均对精液品质具有显著影响。在我国华南地区，早春时即应考虑准备猪栏降温防湿工作；此外，过早引种会损害公猪后续繁殖性能及产精能力，建议最佳引种月龄为 8 月龄。

表 7-18 引种月龄对公猪有效精子数的影响

引种月龄	样本量	最小二乘均数	标准误	不同引种月龄间差异[1]							
				5	6	7	8	9	10	11	12
5	28 638	34.9	0.50		*	***	**	***	NS	NS	*
6	56 468	36.4	0.32			NS	*	***	NS	NS	***
7	43 518	37.0	0.35				*	***	NS	0.09	***
8	24 361	38.7	0.43					NS	NS	NS	***
9	12 006	39.1	0.71						**	***	***
10	5 473	36.5	1.06							NS	**
11	2 635	34.4	1.52								**
12	3 269	31.8	1.34								

注：[1]NS 表示差异不显著，* 表示显著水平 $P<0.05$，** 表示显著水平 $P<0.01$。

第三节 公猪肢蹄健康分析

公猪肢蹄健康是公猪站管理项目中需要重点关注的内容之一。公猪有一个结实健康的四肢和蹄部，才能保障顺利采精，从而延长公猪种用年限。评价公猪肢蹄健康的方式主要包括跛行评分和蹄部损伤评分，然后以总得分的多少来表示公猪肢蹄的健康程度。目前，有关公猪蹄部损伤和跛行发病规律数据比较匮乏。由于肢蹄评分数据属于离散型变量，因此，本节运用 Logistic 回归模型探究地板类型、品种及年龄等因素对种公猪蹄部损伤的影响，并以此为例讲述 Logistic 回归模型在公猪精液品质数据分析中的应用。

一、公猪肢蹄健康数据的收集和整理

（一）调研对象

试验于 2014 年 4 月至 2015 年 4 月期间，针对华南地区一家大型农牧企业下属的 9 个猪人工授精中心，选取年龄介于 8~67 月龄的 1 299 头在群公猪进行蹄部损伤和跛行评估。杜洛克、长白和大白猪是 3 个主要饲养公猪品种。饲养模式包括大栏实体地板（individual pen with solid concrete floor pattern，IPS），猪栏面积为（2.0 × 2.5）～（2.8 × 3.2）m²；定位栏全漏缝地板模式（individual stall with slatted concrete floor pattern，ISS），猪栏面积为（0.7 × 2.0）～（0.8 × 2.4）m²。IPS 模式下公猪存栏量为 788 头；ISS 模式下公猪存栏量为 511 头。

（二）评估方法

蹄部损伤评估方法及评分原则参考金宝公司推荐标准。公猪采精爬台稳定后，进行前蹄损伤评估；公猪静卧休息时，进行后蹄损伤评估。蹄部损伤类型主要包括蹄趾过长（toe growth，TOE）、悬蹄损伤（dew claw，DEW）、蹄跟腐蚀（heel overgrowth and erosion，HOE）、蹄跟-蹄底连接处撕裂（heel sole crack，HSC）、白线分离（white line，WL）、蹄壁横向撕裂（cracked wall horizontal，CWH）、蹄壁纵向撕裂（cracked wall vertical，CWV）。此外，根据现场实际情况，同时记录公猪蹄部肿大（swelling ankle，SWE）情况。根据损伤程度对前后蹄内外侧每种损伤类型进行评分：0＝正常；1＝轻度损伤；2＝中度损伤；3＝重度损伤。损伤程度以总得分判定，总得分以不同部位不同损伤类型得分相加而得，得分越高表示损伤越严重。

跛行评估及评分方法参考育肥猪跛行评分标准。为了研究公猪是否发生跛行，我们将 0～2 分记为正常，3～5 分记为跛行。整个蹄部损伤和跛行评估只进行一次，并且为了避免人为因素导致的差异，所有评估过程由一人完成。

二、公猪肢蹄健康数据的统计分析方法

所有数据分析过程均采用 SAS 软件完成（version 9.4；SAS Inst. Inc，Cary，NC）。采用卡方检验（Proc FREQ）分析 IPS 型和 ISS 型之间蹄部损伤和跛行发生率的差异。采用 Logistic 回归模型（Proc Logistic）分析地板类型、公猪品种及年龄对爪损的影响。为分析年龄的影响，我们将＜12 月龄、12～36 月龄、＞36 月龄的公猪分别分为青年组、中年组和老年组。交叉表分析用于计算跛行和不同病变类型之间的偶然性相关性（Φ）。在交叉表分析中，如果 Φ＜0.2，跛行和蹄部损伤被认为是不相关的。在其他统计分析中，显著性水平为 5％。

三、公猪肢蹄健康数据的分析结果

（一）蹄部损伤病变类型的影响因素

各蹄部损伤病变类型分别采用 Logistic 回归模型进行独立分析，Logistic 回归模型的Ⅲ型分析结果见表 7-19。地板类型、公猪年龄和公猪品种分别对 8 种、7 种和 5 种肢蹄损伤有显著影响。

表 7-19　**Logistic 回归模型分析蹄部损伤病变类型影响因素的Ⅲ型结果**

参数	自由度	卡方检验	P 值
HOE			
地板类型	1	80.737 8	＜0.000 1
公猪品种	2	39.104 5	＜0.000 1
公猪年龄	2	37.613 9	＜0.000 1
WL			
地板类型	1	23.793 8	＜0.000 1
公猪年龄	2	25.881 1	＜0.000 1
CWH			
地板类型	1	4.774 1	＜0.05
公猪品种	2	9.109 3	＜0.05
公猪年龄	2	10.965 3	＜0.01
CWV			
地板类型	1	31.262 6	＜0.000 1
公猪年龄	2	13.252 1	＜0.01
HSC			
地板类型	1	69.970 9	＜0.000 1
公猪品种	2	18.711 9	＜0.000 1
公猪年龄	2	35.294 1	＜0.000 1
DEW			
地板类型	1	36.116 6	＜0.000 1
公猪品种	2	45.804 3	＜0.000 1
公猪年龄	2	28.360 0	＜0.000 1
TOE			
地板类型	1	23.374 0	＜0.000 1

（续）

参数	自由度	卡方检验	P 值
公猪品种	2	8.450 3	＜0.01
公猪年龄	2	27.026 7	＜0.000 1
SWE			
地板类型	1	10.478 5	＜0.01

（二）主效应对公猪蹄部损伤的影响

8 种蹄部损伤病变类型的影响因素数据见表 7-20 至表 7-27。结果表明，IPS 公猪有更多的问题在蹄跟、白线和蹄跟-蹄底连接处，而 ISS 公猪有更多的问题在蹄趾过长和悬蹄损伤。这些结果提示，粗糙的地面和恶劣的卫生条件可能会导致蹄跟、白线和蹄跟-蹄底连接处的损伤，而板条地板可能会对蹄趾和悬蹄造成伤害。

如表 7-20 至表 7-27 所示，长白猪表现出更高的 HOE、CWH 和 HSC 的患病可能性，但其发生 TOE 的可能性低于杜洛克公猪。大白公猪发生 CWH、HSC 和 DEW 的概率高于杜洛克公猪。中老年公猪的 HOE、WL、CWH、HSC、DEW 和 TOE 的患病可能性高于青年公猪。与中年公猪相比，老年公猪的 HOE、WL、CWV、HSC、DEW 和 TOE 的患病可能性显著提高。

（三）地板类型对公猪跛行的影响

如表 7-28 所示，虽然地板类型对公猪跛行没有显著影响，但 IPS 公猪的后肢跛行发生率更高（83.7% vs 16.3%）。

（四）公猪跛行与蹄部损伤病变类型之间的相关性

公猪跛行的原因之一是肢蹄健康状况不佳。因此，本示例通过相关性分析探讨跛行与蹄部损伤的关系。表 7-29 结果显示，ISS 公猪的跛行率与 TOE 和 SWE 之间存在微弱的相关性（Φ 分别为 0.215 1 和 0.303 9），而 IPS 公猪的跛行率与 SWE 呈中度相关（Φ＝0.615 3）。IPS 和 ISS 公猪的跛行率与其他病变类型之间没有相关性（Φ ＜0.2）。这些结果表明，对公猪的肢蹄损伤情况进行检查，特别是对 SWE 等严重损伤类型的检查，可能是预测公猪跛行的有效方法。

本示例运用 Logistic 回归模型分析发现，地板类型、公猪年龄和品种会影响公猪的肢蹄损伤和跛行发生。IPS 公猪发生 HOE、WL、CWH、CWV、

HSC 和 SWE 的概率比 ISS 公猪高，而发生 DEW 和 TOE 的概率比 ISS 公猪低。公猪蹄部损伤的可能性随年龄的增加而增加。这些结果提示，在大栏实体地板猪圈内饲养的公猪，应更加注意蹄后跟的过度生长和腐蚀、白线分离、蹄壁撕裂和蹄部肿大等损伤；而在定位栏全漏缝地板内饲养的公猪应更注意蹄趾过长和悬蹄损伤。此外，对受伤的公猪应及时处理，避免跛行发生。

表 7-20　HOE 最大似然估计和优势比估计分析

参数	最大似然估计					优势比估计		
	自由度	估计值	标准误	卡方检验	P 值	点估计	95％置信区间下限	95％置信区间上限
截距（轻）	1	−5.587 6	0.339 4	271.098 5	<0.000 1			
截距（中）	1	−3.920 9	0.260 0	227.504 8	<0.000 1			
截距（重）	1	−1.371 4	0.233 9	34.373 3	<0.000 1			
ISS vs IPS	1	−1.164 3	0.129 6	80.737 8	<0.000 1	0.312	0.242	0.402
长白猪 vs 杜洛克猪	1	0.801 9	0.133 9	35.862 0	<0.000 1	2.230	1.715	2.899
大白猪 vs 杜洛克猪	1	0.219 1	0.167 5	1.710 9	0.190 9	1.245	0.897	1.729
中年猪 vs 青年猪	1	1.028 6	0.222 1	21.451 1	<0.000 1	2.797	1.810	4.323
老年猪 vs 青年猪	1	1.705 0	0.278 0	37.613 7	<0.000 1	5.501	3.190	9.486

表 7-21　WL 最大似然估计和优势比估计分析

参数	最大似然估计					优势比估计		
	自由度	估计值	标准误	卡方检验	P 值	点估计	95％置信区间下限	95％置信区间上限
截距（轻）	1	−4.595 8	0.266 7	296.921 4	<0.000 1			
截距（中）	1	−2.729 1	0.191 3	203.495 5	<0.000 1			
截距（重）	1	−0.433 4	0.175 2	6.120 9	<0.05			
ISS vs IPS	1	−0.554 2	0.113 6	23.793 8	<0.000 1	0.575	0.460	0.718
中年猪 vs 青年猪	1	0.828 1	0.170 1	23.703 6	<0.000 1	2.289	1.640	3.195
老年猪 vs 青年猪	1	1.026 1	0.236 9	18.768 9	<0.000 1	2.790	1.754	4.439

表 7-22　CWH 最大似然估计和优势比估计分析

参数	最大似然估计					优势比估计		
	自由度	估计值	标准误	卡方检验	P 值	点估计	95％置信区间下限	95％置信区间上限
截距（轻）	1	−6.342 5	0.549 2	133.379 1	<0.000 1			
截距（中）	1	−4.521 3	0.403 1	125.792 8	<0.000 1			

（续）

参数	最大似然估计					优势比估计		
	自由度	估计值	标准误	卡方检验	P 值	点估计	95％置信区间下限	95％置信区间上限
截距（重）	1	−2.950 7	0.374 3	62.147 0	<0.000 1			
ISS vs IPS	1	−0.430 8	0.197 2	4.774 1	<0.05	0.650	0.442	0.957
长白猪 vs 杜洛克猪	1	0.626 7	0.210 0	8.909 3	<0.01	1.871	1.240	2.824
大白猪 vs 杜洛克猪	1	0.519 0	0.253 4	4.195 1	<0.05	1.680	1.023	2.761
中年猪 vs 青年猪	1	0.622 9	0.348 2	3.200 9	0.073 6	1.864	0.942	3.689
老年猪 vs 青年猪	1	1.254 4	0.407 7	9.466 1	<0.01	3.506	1.577	7.795

表 7-23　CWV 最大似然估计和优势比估计分析

参数	最大似然估计					优势比估计		
	自由度	估计值	标准误	卡方检验	P 值	点估计	95％置信区间下限	95％置信区间上限
截距（轻）	1	−5.538 7	0.437 0	160.671 6	<0.000 1			
截距（中）	1	−3.739 5	0.269 5	192.511 0	<0.000 1			
截距（重）	1	−1.255 5	0.225 5	30.992 7	<0.000 1			
ISS vs IPS	1	−0.791 5	0.141 6	31.262 6	<0.000 1	0.453	0.343	0.598
中年猪 vs 青年猪	1	0.514 6	0.223 1	5.320 3	<0.05	1.673	1.080	2.591
老年猪 vs 青年猪	1	1.010 7	0.280 7	12.965 3	<0.001	2.748	1.585	4.763

表 7-24　HSC 最大似然估计和优势比估计分析

参数	最大似然估计					优势比估计		
	自由度	估计值	标准误	卡方检验	P 值	点估计	95％置信区间下限	95％置信区间上限
截距（轻）	1	−4.823 2	0.276 5	304.210 8	<0.000 1			
截距（中）	1	−3.508 4	0.223 1	247.325 5	<0.000 1			
截距（重）	1	−0.694 7	0.197 0	12.442 3	<0.001			
ISS vs IPS	1	−0.997 6	0.119 3	69.970 9	<0.000 1	0.369	0.292	0.466
长白猪 vs 杜洛克猪	1	0.537 0	0.125 9	18.202 4	<0.000 1	1.711	1.337	2.190
大白猪 vs 杜洛克猪	1	0.406 5	0.155 0	6.882 4	<0.01	1.502	1.108	2.035
中年猪 vs 青年猪	1	0.836 3	0.184 0	20.665 8	<0.000 1	2.308	1.609	3.310
老年猪 vs 青年猪	1	1.485 1	0.252 0	34.731 6	<0.000 1	4.416	2.695	7.236

表 7-25　DEW 最大似然估计和优势比估计分析

参数	最大似然估计					优势比估计		
	自由度	估计值	标准误	卡方检验	P 值	点估计	95％置信区间下限	95％置信区间上限
截距（轻）	1	−7.481 8	0.532 6	197.325 8	<0.000 1			
截距（中）	1	−5.033 1	0.389 6	166.916 0	<0.000 1			
截距（重）	1	−3.820 9	0.373 4	104.698 4	<0.001			
ISS vs IPS	1	1.008 4	0.167 8	36.116 6	<0.000 1	2.741	1.973	3.809
长白猪 vs 杜洛克猪	1	−0.333 1	0.191 4	3.028 3	0.081 8	0.717	0.492	1.043
大白猪 vs 杜洛克猪	1	0.923 6	0.192 1	23.125 4	<0.000 1	2.518	1.728	3.670
中年猪 vs 青年猪	1	1.575 0	0.345 3	20.802 2	<0.001	4.831	2.455	9.506
老年猪 vs 青年猪	1	2.217 7	0.418 6	28.065 3	<0.000 1	9.186	4.044	20.868

表 7-26　TOE 最大似然估计和优势比估计分析

参数	最大似然估计					优势比估计		
	自由度	估计值	标准误	卡方检验	P 值	点估计	95％置信区间下限	95％置信区间上限
截距（轻）	1	−7.396 1	0.575 6	165.132 8	<0.000 1			
截距（中）	1	−4.695 1	0.379 9	152.718 1	<0.000 1			
截距（重）	1	−3.476 3	0.364 5	90.967 8	<0.001			
ISS vs IPS	1	0.794 0	0.164 2	23.374 0	<0.000 1	2.212	1.603	3.052
长白猪 vs 杜洛克猪	1	−0.353 1	0.178 5	3.915 8	<0.05	0.702	0.495	0.997
大白猪 vs 杜洛克猪	1	0.202 1	0.199 0	1.030 8	0.310 0	1.224	0.829	1.808
中年猪 vs 青年猪	1	1.551 3	0.342 5	20.513 9	<0.001	4.717	2.411	9.231
老年猪 vs 青年猪	1	2.127 1	0.412 2	26.632 7	<0.000 1	8.391	3.741	18.821

表 7-27　SWE 最大似然估计和优势比估计分析

参数	最大似然估计					优势比估计		
	自由度	估计值	标准误	卡方检验	P 值	点估计	95％置信区间下限	95％置信区间上限
截距（轻）	1	−3.692 2	0.222 9	274.386 1	<0.000 1			
截距（中）	1	−3.122 6	0.177 0	311.211 9	<0.000 1			
截距（重）	1	−2.954 6	0.166 3	315.599 7	<0.000 1			
ISS vs IPS	1	−1.213 6	0.374 9	10.478 5	<0.01	0.297	0.143	0.620

表 7-28　两种地板类型对公猪跛行发生率和跛行部位的影响

项目	地板类型		P 值
	IPS	ISS	
跛行发生			
公猪总数（头）	788	511	
跛行公猪数（头）	43	19	
跛行发生率（%）	5.5	3.7	0.182 7
跛行部位			
跛行公猪数（头）	43	19	
前肢跛行公猪数（头）	7	10	
前肢跛行发生率（%）	16.3^B	52.6^A	<0.01
后肢跛行公猪数（头）	36	9	
后肢跛行发生率（%）	83.7^A	47.4^B	<0.01

注：同行肩标大写字母不同，表示该指标在组间差异极显著，$P<0.01$。

表 7-29　两种地板类型饲养的公猪跛行发生率和蹄部损伤类型之间的相关性（Φ）

项目	蹄部损伤类型							
	HOE	WL	CWH	CWV	HSC	DEW	TOE	SWE
IPS								
跛行率	0.023 9	0.066 3	0.086 3	0.000 4	0.001 4	0.010 6	0.078 5	0.615 3
ISS								
跛行率	0.045 6	0.139 2	0.147 8	0.068 0	0.164 0	0.072 4	0.215 1	0.303 9
总计								
跛行率	0.006 1	0.098 4	0.108 0	0.027 2	0.065 0	0.032 7	0.126 4	0.557 1

参考文献

郭雨薇，2020. 用生产大数据分析方法揭示母猪非生产天数的影响因素［D］. 武汉：华中农业大学.

胡良平，1999. 一般线性模型的几种常见形式及其合理选用［J］. 中国卫生统计，16（5）：269.

李宏，王拥军，2019. 大数据时代的生物技术和农业［M］. 北京：科学出版社.

刘丽敏，廖志芳，周韵编，2018. 大数据采集与预处理技术［M］. 长沙：中南大学出版社.

刘则学，2017. 规模化养猪生产繁殖性能大数据分析方法的建立与运用［D］. 武汉：华中农业大学.

孟宪伟，许桂秋，万世明，等，2019. 大数据导论［M］. 北京：人民邮电出版社.

彭健，2019. 母猪营养代谢与精准饲养［M］. 北京：中国农业出版社.

孙德林，甄梦莹，乔春玲，2020. 全国公猪站典型调查报告［J］. 猪业科学，37（4）：68-73.

王超，2017. 影响公猪种用年限和精液品质的因素及青年公猪营养培育方案研究［D］. 武汉：华中农业大学.

王济川，谢海义，姜宝法，2008. 多层统计分析模型：方法与应用［M］. 北京：高等教育出版社.

王松桂，1987. 线性模型的理论及其应用［M］. 合肥：安徽教育出版社.

王振武，2017. 大数据挖掘与应用［M］. 北京：清华大学出版社.

吴翌琳，房祥忠，2016. 大数据探索性分析［M］. 2 版. 北京：中国人民大学出版社.

徐涛，2017. 母猪妊娠末期背膘厚度对繁殖性能和胎盘脂质氧化代谢的影响［D］. 武汉：华中农业大学.

张尧庭，1995. 线性模型与广义线性模型［J］. 统计教育，4：18-23.

张尧庭，1996. 时间序列分析［J］. 统计教育，4：23-27.

朱玲玲，2020. 母猪断奶再发情性状的影响因素分析及预测方法建立［D］. 武汉：华中农业大学.

Cabrera R A，Boyd R D，Jungst S B，et al，2010. Impact of lactation length and piglet weaning weight on long-term growth and viability of progeny［J］. Journal of Animal Science，88（7）：2265.

Gill P，2007. Managing reproduction—critical control points in exceeding 30 pigs per sow per year［C］. London Swine Conference Todays Challenges Tomorrows Opportunities：171-184.

Han J，Kamber M，Pei J，2012. 数据挖掘概念与技术［M］. 3 版. 北京：机械工业出版社.

Houka L，Wolfová M，Nagy I，et al，2010. Economic values for traits of pigs in Hungary［J］. Czech Journal of Animal Science，55（4）：139-148.

Hox J J，Kreft I，2014. Multilevel Analysis Methods［J］. Sociological Methods & Research，22（3）：283-299.

Isberg S，2013. Management factors influencing sow productivity in successful Swedish and Danish herds［D］. Swedish：Slu Dept of Animal Breeding & Genetics.

Koketsu Y，Sasaki Y，2009. By-parity nonproductive days and mating and culling：measurements of female pigs in commercial breeding herds［J］. Journal of Veterinary Medical Science，71（3）：263-267.

Koketsu Y，Tani S，Iida R，2017. Factors for improving reproductive performance of sows and herd productivity in commercial breeding herds［J］. Porcine Health Management，3（1）：1.

Koketsu Yuzo，2019. Big（pig）data and the internet of the swine things：a new paradigm in the industry［J］. Animal Frontiers，2：2.

Leman，Allen D，1992. Optimizing Farrowing Rate and Litter Size and Minimizing Nonproductive Sow Days［J］. Veterinary Clinics of North America Food Animal Practice，8（3）：609.

Manyika J，2011. Big data：The next frontier for innovation，competition，and productivity［J］. http：//www. mckinsey. com/Insights/MGI/Research/Technology _ and _ Innovation/Big _ data _ The _ next _ frontier _ for _ innovation.

Singer J D，1998. Using SAS PROC MIXED to fit multilevel models，hierarchical models，and Individual growth models［J］. Journal of Educational and Behavioral Statistics，23（4）：323-355.

Wang C，Li J L，Wei H K，et al，2017. Linear growth model analysis of factors affecting boar semen characteristics in Southern China［J］. Journal of animal science，95（12）：5339-5346.

Wang C，Li J L，Wei H K，et al，2017. Linear model analysis of the influencing factors of boar longevity in Southern China［J］. Theriogenology，93：105-110.

Wang C，Li J L，Wei H K，et al，2018. Analysis of influencing factors of boar claw lesion and lameness［J］. Animal Science Journal，89（5）：802-809.

Wang J C，Xie H Y，James F，et al，2011. Multilevel Models：Applications Using SAS

［M］．Beijing：Higher Education Press．

Wang J，Carpenter J R，Kepler M A，2006．Using SAS to conduct nonparametric residual bootstrap multilevel modeling with a small number of groups ［J］．Computer Methods and Programs in Biomedicine，82（2）：130-143．

图书在版编目（CIP）数据

种猪生产大数据分析 / 彭健，王超，周远飞主编
. —北京：中国农业出版社，2021.10
（现代养猪前沿科技与实践应用丛书）
ISBN 978-7-109-28841-6

Ⅰ.①种… Ⅱ.①彭… ②王… ③周… Ⅲ.①种猪—
饲养管理—数据处理 Ⅳ.①S828.02-39

中国版本图书馆 CIP 数据核字（2021）第 209073 号

种猪生产大数据分析
ZHONGZHU SHENGCHAN DASHUJU FENXI

中国农业出版社出版
地址：北京市朝阳区麦子店街 18 号楼
邮编：100125
策划编辑：武旭峰　周晓艳　王森鹤
责任编辑：周晓艳　王森鹤
版式设计：杜　然　责任校对：沙凯霖
印刷：北京通州皇家印刷厂
版次：2021 年 10 月第 1 版
印次：2021 年 10 月北京第 1 次印刷
发行：新华书店北京发行所
开本：700mm×1000mm　1/16
印张：9.5
字数：165 千字
定价：86.00 元